Forschung und Praxis · Band 49

Berichte aus dem Fraunhofer-Institut
für Produktionstechnik und Automatisierung,
Stuttgart, und dem Institut
für Industrielle Fertigung und Fabrikbetrieb
der Universität Stuttgart

Herausgeber: Prof. Dr.-Ing. H. J. Warnecke

Heribert Geißelmann

Bildsensor zur Mustererkennung und Positionsmessung bei programmierbaren Handhabungsgeräten

Mit 52 Abbildungen

Springer-Verlag
Berlin Heidelberg GmbH 1981

Dipl.-Phys. Heribert Geißelmann

Fraunhofer-Institut für Produktionstechnik und Automatisierung (IPA), Stuttgart

Dr.-Ing. H. J. Warnecke

o. Professor an der Universität Stuttgart
Fraunhofer-Institut für Produktionstechnik und Automatisierung (IPA), Stuttgart

D 93

ISBN 978-3-540-10735-4   ISBN 978-3-662-11250-2 (eBook)
DOI 10.1007/978-3-662-11250-2

Springer-Verlag Berlin Heidelberg 1981
Ursprünglich erschienen bei Springer-Verlag Berlin · Heidelberg · New York 1981

Telefon (0711) 764959.

2362/3020—543210

Die Entwicklungen in der Produktionstechnik in den
letzten Jahrzehnten haben entscheidend zur positiven
wirtschaftlichen und sozialen Entwicklung in der
Bundesrepublik Deutschland beigetragen. Die Produktivi-
tät konnte jedes Jahr um durchschnittlich etwa 3,5 %
gesteigert werden. Mechanisierung und Automatisierung wurden und werden stetig weiter vorangetrieben.
Während es sich bisher jedoch um Verbesserungen an einzelnen Maschinen und Anlagen sowie Verfahren handelte,
werden heute alle Unternehmensbereiche erfaßt, und man
ist bemüht, das gesamte System Unternehmen bzw. Produktionsbetrieb zu optimieren. Das klassische Bemühen um
Optimierung des Einsatzes und Zusammenwirkens der Pro-
duktionsfaktoren Mensch, Maschine und Material muß heute
erweitert werden um die Berücksichtigung sozialer Belange,
gesetzlicher Auflagen, Probleme der Energieversorgung,
schnellen Veränderungen an den Produkten und auf den
Märkten sowie Sicherung der Qualität und der Lieferfähig-
keit.

Von wissenschaftlicher Seite wird und muß dieses Bemühen
unterstützt werden durch die Entwicklung von Methoden
und Vorgehensweisen zur systematischen Analyse und Verbesserung des Systems Produktionsbetrieb. Hier ist heute
insbesondere auch der Fertigungsingenieur gefordert,
nicht nur einzelne Maschinen und Verfahren zu beherrschen,
sondern das gesamte komplexe System hinsichtlich der Ver-
knüpfung seiner Elemente durch zweckmäßigen Informations-
und Materialfluß. Beispielhaft seien dazu nur hinsichtlich des Informationsflusses die heute gegebenen Möglichkeiten der Datenerfassung und -verarbeitung in Ferti-
gungsplanung und -steuerung, an den einzelnen

Produktionsanlagen sowie im Qualitätswesen genannt.
Im Materialfluß geht es um richtige Auswahl und Einsatz von Fördermitteln, Förderhilfsmitteln sowie Anordnung und Ausstattung von Lägern. Der weiteren Automatisierung in der Handhabung von Werkstücken und
Werkzeugen sowie der Montage von Produkten wird in
nächster Zukunft allergrößte Aufmerksamkeit geschenkt
werden. Leistungsfähige Sensoren werden die Möglichkeiten dafür sehr stark vergrößern.

Die beiden vom Herausgeber geleiteten Institute, das
Institut für Industrielle Fertigung und Fabrikbetrieb
der Universität Stuttgart sowie das Fraunhofer-Institut
für Produktionstechnik und Automatisierung in Stuttgart,
arbeiten in grundlegender und angewandter Forschung
intensiv an den aufgezeigten Entwicklungen in der Produktionstechnik mit. Zur Umsetzung gewonnener Erkenntnisse wird die Schriftenreihe "IPA Forschung und Praxis"
herausgegeben. Der vorliegende Band setzt diese Reihe
fort, eine Übersicht über bisher erschienene Titel wird
am Schluß dieses Bandes gegeben.

Dem Verfasser sei für die geleistete Arbeit gedankt,
dem Springer-Verlag für die Aufnahme dieser Schriftenreihe in seine Angebotspalette und der Druckerei für
saubere und zügige Ausführung. Möge das Buch von der
Fachwelt gut aufgenommen werden.

                              Hans-Jürgen Warnecke

Inhalt   Seite

<u>Vorwort</u>

Die vorliegende Arbeit entstand im Institut für Informations- und Datenverarbeitung der Fraunhofer-Gesellschaft, Karlsruhe, im Rahmen des Forschungsprojektes des Bundesministeriums für Forschung und Technologie: "Fernseh-Sensoren als Sensoren für Ordnungs- und Positionierungsaufgaben bei Handhabungssystemen".

Den Direktoren des Instituts für Informationsverarbeitung, Herrn Dr. Ing. H. Schief und Herrn Dr.-Ing. K. Ossenberg, danke ich für die Förderung der Arbeit. Herrn Dipl.-Ing. (FH) M. Pesl danke ich für die Durchführung der Programmierarbeiten. Mein Dank gilt ebenfalls den Kollegen, die durch Diskussionen und durch ihre Mitarbeit beim Aufbau von Elektronik und Mechanik zum Gelingen der Arbeit beigetragen haben.

Besonderen Dank schulde ich Herrn Prof. Dr.-Ing. H.J. Warnecke, Direktor des Instituts für industrielle Fertigung und Fabrikbetrieb, sowie Herrn Prof. Dr.-phil., Dipl.-Ing. H. Tiziani, Direktor des Instituts für Technische Optik, beide Universität Stuttgart, für die Übernahme der Referate.

Frau Jehle und Frau Zöller danke ich für die sorgfältige Reinschrift der Arbeit und Frau Steinmeier und Frau Kühnl für die Ausführung der Zeichnungen.

Karlsruhe 1980   Heribert Geißelmann

Schrifttumsverzeichnis

/1/   Warnecke, H.M.: "Betrachtung zur Automatisierung der Handhabung", Proc. of 3rd Int. Symp. on IR, März 1973, Zürich; verlag moderne industrie, München.

/2/   Autorenkollektiv: Studie: Technische Hilfen für den Arbeitsprozeß, 1974, BMFT-FB T 74-03, ZLDI, München.

/3/   Batelle Institut e.V. - Frankfurt: "Entwicklungstendenzen der Produktions- und Fertigungstechnik in der BRD", 3. Band, Seite B-142 bis B-150, Gutachten im Auftrag des BMFT, München, März 1976

/4/   Herrmann, G.: "Arbeitsplatzanalysen zur Ermittlung der Einsatzmöglichkeiten und Anforderungen an Industrieroboter", Forschung und Praxis, Schriftenreihe aus dem IPA, Stuttgart, Herausgeber: Prof. Dr. Ing. H.J. Warnecke, Krausskopf-Verlag, 1978, Seite 90

/5/   VDE/VDI Richtlinie 2600

/6/   Schief, A.: "Möglichkeiten und Grenzen der Übernahme menschlicher Sinnesfunktionen durch technische Sensoren", Regelungstechnik, Heft 11, 1975, Seite 365-400.

/7/   Hanson, A.R., and Riseman, E.M.: "Computer Vision Systems", Academic Press, New York, 1978.

/8/   Clowes, M.B.: "On Seeing Things", Artificial Intelligence 2 (1971) 1, S. 79 - 116.

/9/   Mackworth, A.K.: "Interpreting Pictures of Polyhedral Scenes", Artificial Intelligence 4 (1973).

/10/   Heginbotham, W.B.; Page, C.J. and Pugh, A.: "A practical visually interactive robot handling system", The Industrial Robot, June 1975, S. 61 - 66.

/11/ Kelley, R.; Birk, J.; Duncan D.; Martins, H. and Tella, R.: "A Robot System which Feeds Workpieces Directly from Bins into Machines", Proc. of 9th Int. Symp. on IR, Washington, 1979, S. 339 - 355.

/12/ Agrawala, A.K., and Kulkerni, A.V.: "A Sequential Approach to the Extraction of Shape Features", Proc. IEEE Conf. on Pattern Recognition and Image Processing, Chicago I 11, June, 1978, S. 230 - 237.

/13/ Rosenfeld, A. and Kak, A.C.: "Digital Picture Processing", Academic Press, N.Y., 1976.

/14/ Dessimoz, J.D.; Kunt, M.; Zurcher, J.M., Granlund, G.H.: "Recognition and Handling of Overlapping Industrial Parts", Proc. of 9th Int. Symp. on IR, Washington, 1979, S. 357 - 366.

/15/ Neumann, B.: "Identifikation und Verfolgen von Objekten anhand nicht-perfekter Konturen", DAGM Symposium, Informatik Fachberichte 17, Springer Verlag 1978, S. 164 - 174.

/16/ Perkins, W.A.: "Model-Based Vision System for Scenes Containing Multiple Parts", IJCAI; 1977, S. 678 - 684.

/17/ Gleason, G.J., and Agin, G.J.: "A Modular Vision System for Sensor-Controlled Manipulation and Inspection", Proc. of 9th Int. Symp. on IR, Washington, 1979, S. 57 - 71.

/18/ Foith, J. u. a.: "A Modular System for Digital Imaging Sensors for Industrial Vision", Proc. of 3rd CISM IFToMM, Symp. on Theory and Practice of Robots and Manipulators, Udine, Italien, 12. - 15. Sept. 78, Session VI 2, 1978.

/19/ Karg, R. and Lanz O.E.: "Experimental Results with a Versatile Optoelectronic Sensor in Industrial Applications", Proc. of 9th Int. Symp. on IR, Washington, 1979, S. 247 - 264.

/20/ Geißelmann, H.: "Fernseh-Sensor und seine Verkettung mit einem Industrieroboter", Proc. of 8th Int. Symp. on IR, Stuttg. 1978, S. 165 - 180.

/21/ Agin, Gerald H.: "An Experimental Vision System for Industrial Application", Proc. of 5th Int. Symp. on IR, Chicago, 1975, S. 135 - 148.

/22/ Armbruster, K. u. a.: "A very fast Vision System for Recognizing Parts and their Location and Orientation", Proc. of 9th Int. Symp. on IR, Washington, 1979, S. 265 - 280.

/23/ Heginbotham, W.B. et al.: "The Nottingham 'Sirch' Assembly Robot", Prec. of the 1st Conf. on IR-Technology, Nottingham, 1973, S. 129 - 142.

/24/ Foith, J.: "Lageerkennung von beliebig orientierten Werkstücken aus der Form ihrer Silhouetten", Proc. of 8th Int. Symp. on IR, Stuttgart, 1978, S. 584 - 599.

/25/ Van der Brug, G.J.; Albus, J.S. and Bargmeyer, E.: "A Vision System for Real Time Control of Robots", Proc. of 9th Int. Symp. on IR, Washington, 1979, S. 213 - 231.

/26/ König, M.: "Berührungslose Erkennung und Positionsbestimmung von Objekten durch inkohärent-optische Korrelation", Dissertation TU Stuttgart, 1977.

/27/ Bretschi, J.: "A Microprozessor Controlled Visual Sensor for Industrial Robots", The Industrial Robot 3 (1976), Heft 4, S. 167 - 172.

/28/ Grossman, D. and Blasgen, M.: "Orienting Mechanical Parts by Computer-Controlled Manipulator", IEEE Transactions on Systems, Man and Cybernetics, Sept. 75, S. 561 - 565.

/29/ Nitzan, D. (1972): "Scene Analysis Using Range Data", Artificial Intelligence Center, Technical Note 69, SRI.

/30/ Lewis, R.A. and Johnston, A.R.: "A Scanning Laser Rangefinder For A Robotic Vehicle", 5th Int. Joint Conf. on Art. Intelligence, M.I.T. Cambridge, Mass., Aug. 1977, S. 762 - 768.

/31/ Yakimovsky, Y. and Cunningham, R.: "A System for Extracting Three-Dimensional Measurements from a Stereo Pair of TV Cameras", Computer Graphics and Image Processing 7, 195 - 210, (1978).

/32/ Wolf, H.: "Optisches Abtastsystem zur Identifizierung und Lageerkennung dreidimensionaler Objekte", Feinwerktechnik und Meßtechnik 87 (1979) 2.

/33/ Oshima, M. and Shirai, Y.: "A Scene Description Method Using Three-Dimensional Information", Progress Report on 3-D Object Recognition. March 1977, Bionics Research Section Information Sciences Division, Electrotechnical Laboratory, Japan, S. 32 - 48.

/34/ Kießling, A.: "A Fast Scanning Method for Three Dimensional Scenes", The 3rd Int. Joint Conf. on Pat. Rec. Coronado, Nov. 1976, S. 586 - 589.

/35/ Ward, M.R.; Rossol, L. and Holland, S.W.: "Consight A Practical Vision-Based Guidance System", Proc. of 9th Int. Symp. on IR, Washington, 1979, S. 195 - 211.

/36/ Niemann, H.: "Methoden der Mustererkennung", Akademische Verlagsgesellschaft, Frankfurt/M., 1974.

/37/ Peipmann: "Grundlagen der technischen Erkennung", Berlin, VEB Verl., 1975.

/38/ Pesl, M.: "Programmentwicklung zur Mustererkennung von Werkstücken durch Vergleich von Merkmalsvektoren", Anhang. Fachhochschule Karlsruhe, Fachbereich Informatik, Abschlußarbeit 15.5.77.

/39/ Bronstein-Semendjajew: Taschenbuch der Mathematik, Verlag Harri Deutsch, Frankfurt/M., 1964.

/40/ IWKA/KUKA: 2. Halbjahresbericht 1977 der Arbeitsgemeinschaft Handhabungssysteme (Teil 3), S. 17 - 27.

/41/ Elektropneumatischer Industrieroboter PPI-PM 12 von der Firma Pfaff Pietzsch Industrie-Roboter GmbH, Herzstr. 32 - 34, 7505 Ettlingen.

/42/ Graf, B.; Knappmann, R.; Schmidt, J.; Weiss, K.: "Automatischer flexibler Arbeitsplatz für Kleinserien", Technische Rundschau, Bern Nr. 8, 20.2.79, S. 25 und 27; Nr. 10, 6.3.79, S. 18 - 20.

/43/ Volkswagenwerk: Abschlußbericht Arbeitsgemeinschaft Handhabungssysteme, Arbeitskreis 9 Sensoren, BMFT-Projekt "Humanisierung des Arbeitslebens", 1979.

Abkürzungen und Formelzeichen

Längen und Flächen werden in Bildrastereinheiten und Winkel in Grad angegeben. Andere Zeichen sind dimensionslos.

Zeichen	Größe/Erläuterung
$\vec{a1}$, $\vec{a2}$...	Vektoren zur Beschreibung des PHG-Achsgerüstes
A1, A2...	Bezeichnung der PHG-Achsen
A	Zahl der Rasterpunkte innerhalb eines Objektbildes
$b(\alpha_{1,t})$	Bildsignal eines durch den Winkel $\alpha_{1,t}$ ausgeblendeten Kreisabschnittes (Radius = r_t)
$B(x,y)$	Schwarz-Weißverteilung des Bildes
$\vec{c}$	Merkmalsvektor
$\vec{c}_k$	Zur Klasse k gehöriger Referenzvektor
$\vec{c}'$	gemessener Merkmalsvektor
$d(\vec{c}',\vec{c})$	Abstandsmaß angewendet auf die Vektoren c' und c
F	Fläche
$\vec{g}$	Greifpunktvektor, der beim Objekt der Klasse k ausgehend von Flächenschwerpunkt S den Greifpunkt festlegt.
$\vec{g}_p$	Senkrechtprojektion von $\vec{g}$ auf die x-y-Ebene
j	Laufindex zur Bezeichnung der Winkel einer Winkelfolge
k	Lageklassennummer
k*	Lageklassennummer, der ein vorliegenden Muster zugeordnet wird.
$k1_0$, $k2_0$..	Achsennullpunktswerte
$k1_M$, $k2_M$...	Maßstabsfaktoren beim Übergang von Sensoreinheiten auf Achswerte
K	Zahl der Klassen
L	Schwellenbezeichnung
M	Zeilenzahl eines Bildes
n	Komponentenzahl eines Merkmalvektors

N	Spaltenzahl eines Bildes
P_t	Zahl der Schnittpunkte einer Werkstückkontur mit einem Kreis vom Radius r_t
q	Laufindex zur Bezeichnung von Radiensätzen
Q	Zahl der Radiensätze
r	Kreisradius
$\vec{r1}, \vec{r2},..$	Ortsvektoren
s	Index zur Bezeichnung einer Zahl von Permutationsschritten
s^*	Zahl von Permutationsschritten, nach denen eine gemessene Winkelfolge mit einer eingelernten übereinstimmt.
S	Flächenschwerpunkt
t	Laufindex zur Bezeichnung der Abtastkreisradien
T	Zahl der Abtastkreise eines Radiensatzes
W	Winkelfunktion
x,y,z	Bildsensorkoordinaten; x-Achse in Zeilenrichtung; y-Achse senkrecht zur Zeilenrichtung, z-Achse senkrecht zur Bildebene
$x',y',z',$	Koordinaten beim Übergang von Bildsensorkoordinaten auf Koordinaten des PHG-Systems
α	Winkel einer Winkelfolge
β_k	Winkel zwischen x-Achse und dem Vektor $\vec{g_p}$ beim Einlernen der Klasse k
δ	Verdrehung eines Objektes gegenüber seiner Richtung beim Einlernen
λ_k	Winkel zwischen Greiferachse und z-Achse beim Einlernen der Klasse k
ρ'	Polarkoordinate (Radiusvektorbetrag) des PHG-Zylinderkoordinatensystems
ϕ	Polarwinkel
ϕ'	Polarkoordinate (Radiusvektorrichtung) des PHG-Zylinderkoordinatensystems
ω_k	Winkel zwischen x-Achse und Vektor $\vec{g_p}$ beim Einlernen der Klasse k
Ω_k	Zur Klasse k gehöriger Ortsbereich im Merkmalsraum

1 Einleitung

1.1 Motivation

Die Automatisierung im Bereich der Fertigung hat sich zunächst weitgehend auf die Bearbeitung der Werkstücke konzentriert und deren Handhabung und Prüfung dem Menschen überlassen. Bei dieser von der Realisierbarkeit bestimmten Entwicklung wird der schöpferische und den Menschen befriedigende Teil der Arbeit weitgehend von der Maschine übernommen; der Mensch führt hautpsächlich Zuführ-, Positionier- und Kontrollfunktionen aus. Die Notwendigkeit, den Menschen von häufig anspruchsloser und monotoner Tätigkeit zu entlasten, sowie wirtschaftliche Überlegungen und Forderungen zur Qualitätssteigerung verlangen in diesem Arbeitsbereich eine konsequente Weiterführung der Automatisierung /1/.

Dieser Forderung stand bisher der weitgehende Mangel an technischen Systemen zur Durchführung dieses Vorhabens gegenüber. Der Mensch löst die zu automatisierenden Aufgaben mit Hilfe seiner Intelligenz und seines hochausgebildeten Sinnessystems, hierfür gibt es in der Technik bis jetzt keinen direkten Ersatz. In der Großserienfertigung läßt sich das Problem oft umgehen; bei den großen Stückzahlen ist es zum Teil wirtschaftlich, für das Zuführen und Positionieren der Werkstücke werkstückspezifische Einrichtungen zu schaffen, welche die Ordnung während des Produktionsprozesses erhalten oder, falls notwendig, wiederherstellen. Bei der Klein- und Mittelserienfertigung führt diese Vorgehensweise jedoch zu hohen Umrüstzeiten und damit untragbaren Kosten.

Zur weiteren Automatisierung in diesem Bereich bedarf es daher eines schnell umrüstbaren Gerätes, das in der Lage ist, die Ordnung der Werkstücke herzustellen. Mit den neuerdings zur Verfügung stehenden programmierbaren Handhabungsgeräten (PHG), die schnell auf andere Handhabungsvorgänge umgestellt werden können, läßt sich das Problem nur teilweise lösen. Eine Gesamtlösung wird erreicht, wenn das PHG mit einem Meßgerät bestückt wird, das Objekte erkennt und deren Position vermißt. Ausgerüstet mit einem derartigen Meßge-

rät - im folgenden "Sensor" genannt - kann ein PHG die gemessene
Position der ungeordneten Werkstücke anfahren und den Handhabungs-
vorgang durchführen.

Welche Bedeutung Sensoren für eine weitere Automatisierung und insbesondere für den verstärkten Einsatz von PHG haben, wurde anhand
von Studien /2,3/ und Arbeitsplatzanalysen /4/ nachgewiesen. Nach
den in /4/ durchgeführten Analysen sind z.B. bei 915 untersuchten
Arbeitsplätzen nur 2 % für den Einsatz von sensorlosen PHG geeig-
net. Werden allerdings die Funktionen "Spannen der Werkstücke" sowie deren Ordnen und Kontrolle automatisiert, was mit Hilfe von
Sensoren möglich ist, könnten bei 35 % der untersuchten Arbeits-
plätze PHG eingesetzt werden.

Für die Informationsaufnahme aus ihrer Umgebung nutzen Sensoren unterschiedliche physikalische Effekte. Die weitaus größte Informa-
tionsdichte wird mit optischen Sensoren, sog. Bildsensoren, erreicht. Der daraus resultierende breite Anwendungsbereich gibt
den Bildsensoren im Bereich der Sensoren eine zentrale Bedeutung.
An der Entwicklung von Bildsensoren wird seit einigen Jahren intensiv gearbeitet. Die bisherigen Arbeiten sind jedoch nur selten
über das Laborstadium hinausgekommen. Außerdem existieren wenige
Erfahrungen bezüglich der Zusammenschaltung von Sensoren und PHG.

1.2 Zielsetzung

Ziel der vorliegenden Arbeiten ist es, einen Beitrag zur Entwicklung und zum Einsatz praxisgerechter Sensoren zur Bildauswertung
in der industriellen Fertigung zu leisten. Die Arbeit läßt sich in
drei Problemkreise aufgliedern:

1. Die Entwicklung eines anwendungsnahen Bildsensors, der Objekte
   erkennt und deren Position vermißt. Die Anwendungsnähe ist dabei gegeben durch:
   - kurze Meß- und Verarbeitungszeiten,
   - schnelle und einfache Programmierung und
   - geringe Kosten.

2. Die Zusammenschaltung des Bildsensors mit einem PHG und die Behandlung der damit verbundenen Problematik bezüglich
   - Koordinatentransformation und
   - Einlernvorgang.

3. Nachweis der praktischen Anwendbarkeit des Bildsensors durch Einsatz bei folgenden Pilotanlagen:
   - Ordnungseinrichtung für frei auf einem Band liegende Werkstücke,
   - Ordnungseinrichtung für ungeordnet in Behältern liegende Werkstücke und
   - automatischer, flexibler Bohrarbeitsplatz für Kleinserien.

2 Konzeption eines anwendungsnahen Bildsensors

2.1 Begriffsdefinition "Bildsensor"

Das Wort "Sensor" kommt aus der englischen Sprache und ist begriffsgleich mit dem deutschen Wort "Meßfühler". Ein Meßfühler ist ein Umsetzer, der eine physikalische Größe in eine andere physikalische Größe umwandelt, z.B. einen Temperaturwert in ein elektrisches Signal und damit eine Weiterverarbeitung dieses Signals ermöglicht /5/.

Der Begriff "Sensor" wird in der deutschen Sprache im Zusammenhang mit programmierbaren Handhabungsgeräten (PHG) verstärkt benutzt. Sensoren sind dabei Geräte, die einem PHG sensorische Fähigkeiten, wie die des Sehens, Fühlens und Hörens geben. Hierbei beinhaltet der Begriff Sensor neben dem Meßfühler auch die dem Meßfühler nachgeschaltete Informationsverarbeitung. Die Informationsverarbeitung reicht dabei von einfachen Schwellwertoperationen bis hin zu aufwendigen Verfahren, die z.B. bei der Analyse von Bildern und Geräuschen eingesetzt werden /6/.

Ein Bildsensor ist ein Gerät, das dem PHG die sensorische Fähigkeit des Sehens gibt. Bei einem Bildsensor ist der Meßfühler im allgemeinen eine Fernsehkamera, welche innerhalb des Bildbereiches die Helligkeit abhängig vom Ort mißt. Aus dieser zweidimensionalen Helligkeitsverteilung wird in der nachgeschalteten Informationsverarbeitung z.B. die Zahl, die Art und die Lage der im Bildfeld liegenden Objekte ermittelt.

2.2 Bildsensoren als ein wichtiges Hilfsmittel für eine weitere Automatisierung der industriellen Fertigung

Umfangreiche Untersuchungen von Arbeitsplätzen /2,3,4/ zeigen, daß es neben einer Vielzahl einfacher sensorischer Aufgaben drei Gruppen von Sensoraufgaben gibt, die in der Handhabung und Güteprüfung besonders wichtig sind. Diese Aufgaben treten auf:

(1) beim Ordnen von Werkstücken,
(2) beim Erfassen von Zielpositionen und
(3) bei der Sichtprüfung.

Für einfache sensorische Aufgaben wie der Messung physikalischer
Größen oder der Erfassung von Maschinenzuständen stehen geeignete
Sensoren in reicher Auswahl zur Verfügung. Für das Ordnen, Erfassen von Zielpositonen und die Sichtprüfung hingegen ist die Entwicklung neuer, komplexer Sensoren mit mustererkennenden Komponenten notwendig. Sie haben entscheidende Bedeutung für die Einsatzmöglichkeiten von PHG sowie die Automatisierung von Kontrollaufga-
ben.

Die erste Gruppe von Sensoraufgaben ist das Ordnen von Werkstük-
ken. In der Klein- und Mittelserienfertigung werden Werkstücke in
der Regel innerbetrieblich in Behältern ungeordnet gelagert und
transportiert. Für die automatische Handhabung (Eingeben, Weiter-
geben) müssen dem PHG Informationen über Lageklasse und Position
der Teile, d.h. wie und wo dieTeile liegen, übermittelt werden. In
dieser Aufgabengruppe muß ein Sensor Lageklassen und Positionen
von meist vereinzelten Werkstücken erfassen. Eine wesentliche Forderung ist dabei Flexibilität des Sensors, der ohne großen Aufwand
auf neue Werkstücke umstellbar sein muß.

Eine zweite Gruppe beinhaltet die Erfassung von Zielpositionen in
der Teilefertigung und bei der Montage. Wenn Zielpositionen für
PHG, die Werkzeuge oder Werkstücke greifen und positionieren sollen, mit hohen Lage-Toleranzen behaftet sind, wird eine Positions-
vermessung erforderlich. Beispiele sind das Führen von Schweiß-
elektroden an Blechformteilen, die mit Verzug behaftet sind (ein-
schließlich der Suche nach Anfangspunkten); das Fügen von Teilen
in der Montage, die mit Lagetoleranzen behaftet sind, das Erfassen
von Werkstücken auf Paletten oder Gehängen oder das Positionieren
von Werkstücken in Fertigungseinrichtungen bei engen Toleranzen.
In dieser Aufgabengruppe müssen Sensoren Bauteile, Bauteilaus-
schnitte oder einzelne Werkstücke in ihrer Form erfassen, erkennen
und die Position in zwei bis drei Koordinaten vermessen.

In einer dritten Gruppe werden die vielfältigen Aufgaben der automatischen Sichtprüfung zusammengefaßt. Es wird angestrebt, im Zusammenhang mit einer automatischen Fertigung auch die Qualität der
gefertigten Werkstücke automatisch zu prüfen. Während die Funk-

tion von Produkten häufig akustisch geprüft wird, sind Vollständig-
keit, exakte Form, Oberflächenbeschaffenheit usw. optisch zu prüfen. Beispiele für Sichtprüfungsaufgaben in der Fertigung sind: To-
leranzprüfungen, Vollständigkeitskontrollen beim Druckgießen, Erfassen von Oberflächenrissen an gehärteten Teilen, Rißprüfung bei
tiefgezogenen Werkstücken sowie das Erfassen von Fehlern an ver-
chromten oder lackierten Oberflächen.

Eine erfolgreiche Automatisierung der Ordnungs-, Positionier- und
Sichtprüfungsaufgaben wird durch den Einsatz von noch zu entwik-
kelnden Sensoren und PHG erwartet.

Der Meßfühler eines derartigen Sensors hat dabei die Aufgabe, Meßdaten aus seiner Umgebung zu erfassen, mit deren Hilfe Aussagen bezüglich der ihr umgebenden Objekte gemacht werden können. Aus den
Meßdaten soll für einen begrenzten Raumwinkelbereich entschieden
werden,
- ob darin ein interessierendes Objekt liegt (2-dimensionale Vermessung),
- wie weit ein Objektbereich entfernt ist (3-dimensionale Vermessung) oder
- welche Oberflächeneigenschaften ein Objektbereich hat (Oberflä-
  chengüteprüfung).

Aus der Vielfalt an Möglichkeiten, derartige Meßdaten zu erhalten,
zeichnet sich eine optische Vermessung durch einige hervorstechen-
de Eigenschaften aus. Mit Hilfe einer Fernsehkamera als Meßwandler
z.B. kann auch bei größeren Entfernungen mit einer Genauigkeit,
örtlichen Auflösung und Geschwindigkeit gemessen werden, die andere Meßwandler nicht annähernd erreichen. Der Einsatz eines Bildsensors ist daher insbesondere dann gegeben, wenn
- für eine Erkennung komplexer Formen eine große Datenmenge erforderlich ist,
- bei einer Positionsmessung der zulässige Meßfehler oder das zu
  suchende Muster klein gegenüber dem Suchbereich ist und
- bei einer Oberflächenprüfung die Feinstruktur (Rauhigkeit, Ris-
  se, Kratzer) und Farbe der Oberfläche zu beurteilen sind.

2.3 Stand der Bildsensortechnik, geordnet nach dem Aufwand bei der Gestaltung der Szene und der Meßanordnung

Anfängliche Bemühungen der Bildverarbeitung waren darauf ausgerichtet, die Erkennungsfähigkeit des Menschen durch Automaten zu ersetzen. Die Absicht war, derartige Automaten in Bereichen einzusetzen, die für den Menschen lebensfeindlich sind (Raumfahrt, Wehrtechnik, Kerntechnik, Meerestechnik). Die hierbei auszuwertenden Bilder entstehen zumeist in einer stark strukturierten Umgebung. Um bei diesen komplexen Szenen eine Erkennungsleistung zu erreichen, ist die gesamte im Bild enthaltene Information auszuwerten. Dies führt zu rechen- und speicherintensiven Verfahren /7/, die für einen wirtschaftlichen Einsatz in der industriellen Fertigung zu langsam und zu teuer sind.

Zur Vereinfachung der Problematik wurden daher Ende der sechziger Jahre die zu erkennenden Szenen aus Körpern einfacher Geometrie, meist weißen Polyedern aufgebaut /7,8/. Durch Studium der Bilder dieser einfachen Welt, im Englischen "Blocks World" genannt, hatte man erhofft, die Probleme des Computer-Sehens in einer allgemeinen Art so zu lösen, daß eine Übertragung auf komplexere Szenen möglich ist. Mitte der siebziger Jahre wurden die Arbeiten an der "Blocks World" weitgehend eingestellt, da die entwickelten Verfahren bei der Erkennung natürlicher Szenen nicht anwendbar sind.

Eine wirkungsvolle Vereinfachung der Erkennung im Bereich der industriellen Fertigung wird erhalten, wenn man die in diesem Fall gegebenen Möglichkeiten bezüglich der Gestaltung der Szene und der Meßanordnung ausnutzt. Damit werden Aspektwinkel und Grauwerte eingeschränkt und Verdeckungen und Abschattungen vermieden. Maßnahmen zur Gestaltung der Szene sind:

- Vereinzelung,
- günstige geometrische Anordnung,
- problemangepaßte Beleuchtung,
- sensorfreundliche Konstruktion der Werkstücke und
- Einplanen von Rückweisungen.

Durch einige dieser Maßnahmen wird die Zahl der vom Sensor zu erkennenden Formen wesentlich reduziert. Wegen der kleinen Zahl der zu erkennenden Formen kann mit vertretbarem Aufwand eine große A-priori-Kenntnis über diese Formen erhalten werden. Durch Ausnutzen dieser A-priori-Kenntnisse ist eine Erkennung und Vermessung mit verhältnismäßig einfachen Mitteln über einen Merkmalvergleich durchzuführen. Hierzu werden in einer Einlernphase dem Bildsensor die zu erkennenden Formen gezeigt. Der Bildsensor extrahiert aus diesen Formen Merkmale (z.B. Fläche, Momente, Konturlänge usw.) und speichert sie ab. Bei der Erkennung wird dann durch Vergleich der aktuellen mit den abgespeicherten Merkmalen die Art und Lage der vorliegenden Form bestimmt.

Die Gestaltung der Szene bringt einen zusätzlichen Aufwand, der bei der Konzeption eines Bildsensors mit in eine Wirtschaftlichkeitsberechnung einzubeziehen ist. Geringer Aufwand beim Bildsensor führt im allgemeinen zu höheren Kosten bei der Gestaltung der Szene. Für die Auswahl eines geeigneten Gesamtkonzeptes gibt es daher ein Optimum, das abhängig ist von der beabsichtigten Anwendung und von dem Stand der Elektronikentwicklung.

Zur Festlegung des geeigneten Sensorkonzeptes werden die Maßnahmen zur Gestaltung der Szene im folgenden differenziert dargestellt. Zu den einzelnen Aufwandsstufen bei der Szenengestaltung werden Hinweise auf Arbeiten gegeben, die sich mit dem betreffenden Problem befassen.

2.3.1 Vereinzelung

Die stufenweise Vereinzelung eines Werkstückes ist in Bild 1 dargestellt.

Die Werkstücke liegen zunächst ungeordnet in einer Kiste (Bild 1a). Sie überdecken sich dabei gegenseitig, sind willkürlich orientiert und ihre Konturen heben sich nicht vom Hintergrund ab. Eine Analyse derartiger Szenen führt zu dem schon erwähnten hohen Aufwand. Arbeiten zu diesem Problem beschäftigen sich nicht mit der Erkennung der Teile, sondern mit dem Suchen von Greifbereichen

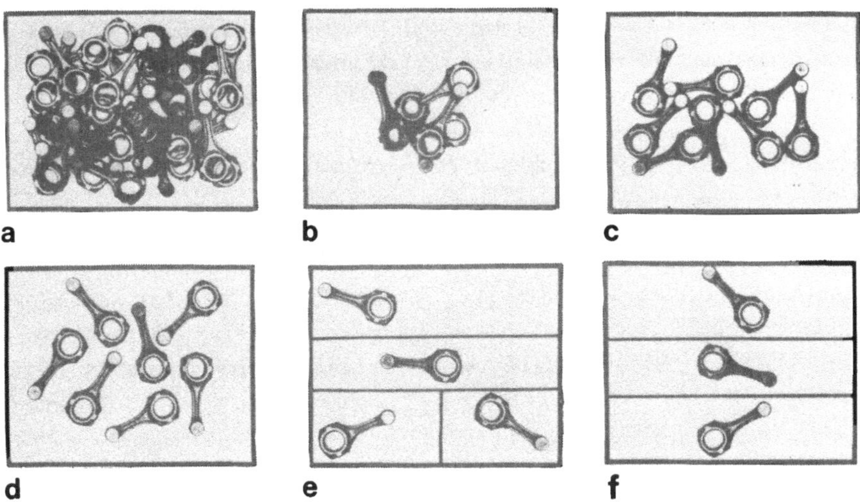

Bild 1: Unterschiedliche Grade der Vereinzelung von Werkstücken.

(Flächen, Kanten). Mit Kenntnis der Greifbereiche wird das Teil aus der Kiste entnommen und nach dieser Vereinzelung endgültig erkannt /10,11/.

In Bild 1b liegt eine kleinere Anzahl von Werkstücken auf einer Ebene. Bei dieser Anordnung sind Flachteile bezüglich ihrer Orientierung eingeschränkt, da sich die Flächennormale annähernd senkrecht zur Auflageebene einstellen wird. Die Formmerkmale eines Werkstückes zeigen daher eine geringe Streuung, so daß für einen Merkmalsvergleich die Zahl der notwendigen Vergleiche reduziert wird. Bei geeigneter Wahl der Oberflächeneigenschaft der Auflageebene entsteht bezüglich Werkstück und Auflageebene ein guter optischer Kontrast. Werkstückbereiche, die sich mit anderen Werkstücken nicht überlappen, ergeben damit auswertbare Konturbilder. An der Erkennung überlappender Werkstücke wird verstärkt gearbeitet /14,15,16/. Selbst bei Einsatz von Großrechnern werden noch Verarbeitungszeiten von ca. 60 s benötigt.

Ein Sonderfall der eben beschriebenen Szene ist in Bild 1c dargestellt. Die Werkstücke berühren sich, ohne dabei zu überlappen.

Für diesen Fall sind keine speziellen Verfahren entwickelt worden. Bedeutung hat dieser Fall, weil bei einer derartigen Anordnung die im vorherigen Absatz genannten Verfahren auch bei ausgeprägt 3-dimensionalen Werkstücken angewendet werden können.

Wird durch die Gestaltung der Vereinzelungsvorrichtung ein gegenseitiges Berühren der Werkstücke verhindert (Bild 1d), vereinfacht sich die Bildanalyse gegenüber den vorherigen Fällen wesentlich, weil die Abtrennung der Werkstücke voneinander (Segmentation) weniger aufwendig ist und die Merkmale eines Werkstückes durch andere Werkstücke nicht gestört werden. Zusammenhängende Bildbereiche werden mittels eines Zusammenhangskriteriums /12,13/ erfaßt und markiert. Gleichzeitig werden von diesen zusammenhängenden Bereichen die zur Erkennung erforderlichen Merkmale extrahiert. Bei Anwendung von Spezialprozessoren zur Merkmalextraktion und bei nachfolgender Datenverarbeitung im Mikroprozessor werden bei realisierten Verfahren /17,18/ Verarbeitungszeiten erzielt, die z.T. unter einer Sekunde liegen.

Eine Segmentierung der Werkstücke ohne Anwendung von Zusammenhangskriterien wird erreicht, wenn die Werkstücke so vereinzelt werden, daß sich um jedes Werkstück ein Rechteck ziehen läßt, innerhalb dessen keine anderen Werkstücke liegen (Bild 1e). Das Problem reduziert sich dann darauf, im Bild Zeilen und Spalten zu finden, die nicht von Objekten geschnitten werden. Ein durch Einsatz von Merkmalsprozessoren und Mikroprozessoren realisiertes Verfahren /19/ arbeitet nach diesem Prinzip und erreicht Verarbeitungszeiten im Bereich von ca. 0,25 s.

Bei einer Anordnung der Werkstücke gemäß Bild 1f sind für die Segmentierung der Werkstücke lediglich die Zeilen zu detektieren, die nicht von Objekten geschnitten werden. Die Aufwandsreduktion bezüglich des vorherigen Verfahrens ist beträchtlich, weil die erforderliche Zeilendetektion ohne Abspeicherung des Bildes durchführbar ist /20/.

2.3.2 Geometrische Anordnung von Bildaufnahmegerät und Werkstück

Die geometrische Anordnung von Bildaufnahmegerät und Werkstück - eine weitere Maßnahme zur Gestaltung der Szene - bezieht sich auf

die Orientierung und translatorische Verschiebung des Werkstückes
gegenüber dem Bildaufnahmegerät. Die Freiheitsgrade eines Werkstückes sind - abgesehen von dem Fall der ungeordneten Lagerung in
Kisten - im Bereich der industriellen Fertigung im allgemeinen eingeschränkt. Einschränkungen ergeben sich durch Auflegen der Werkstücke auf Tische oder Transportbänder sowie durch Befestigung der
Werkstücke an Gehängen. Die Arbeiten zur Erkennung von Werkstücken
orientieren sich an diesen Gegebenheiten und sind in Tab. 1 nach
Schwierigkeitsgrad gegliedert.

optische Achse des Bildaufnahmegerätes zu Drehachse Werkstück	Zulässige Freiheitsgrade: Ro = Rotation Tr = Translation	Literatur	Prinzip
senkrecht	Ro = 1 Tr = 2	/24,25/	Vergleich einer grösseren Anzahl von Merkmalen
parallel	Ro = 1 Tr = 2	/14-23/	
	Ro = 0 Tr = 2	/26/	inkohärent optische Korrelation
	Ro = 0 Tr = 1	/27/	Vergleich der Schwarz-Weiß-Verteilung weniger ausgewählter Abtastzeilen
	Ro = 0 Tr = 0	/28/	

(Links vertikal: abnehmender Schwierigkeitsgrad)

Tab.1:

Verfahren zur Erkennung von Werkstücken bei unterschiedlicher Einschränkung der Lagefreiheitsgrade

Bei dieser Darstellung ist der Abstand zwischen Bildaufnahmegerät
und Werkstück nicht als zusätzlicher Freiheitsgrad berücksichtigt. Dieser Abstand ist meistens dann nicht definiert, wenn das
Bildaufnahmegerät am Greifer eines PHG montiert ist. In solchen
Fällen wird zunächst der Abstand gemessen und danach mit den gleichen Erkennungsverfahren wie bei definiertem Abstand weitergear-
beitet. Abstandsmessungen, die dabei zur Anwendung kommen, sind

Triangulationsverfahren und Lichtlaufzeitmessungen. Teilweise wird der Abstand auch aus der Größe von maßstabsabhängigen Merkmalen (z.B. Fläche) abgeleitet. In diesem Fall ist die Voraussetzung, daß das Werkstück erkannt ist, was zum Teil durch die Auswertung von maßstabsunabhängigen Merkmalen möglich ist (z.B. durch Messung des Verhältnisses von größtem zu kleinstem Werkstückdurchmesser).

Im folgenden wird bei der Beschreibung der in Tab. 1 aufgelisteten Verfahren definierter Abstand vorausgesetzt.

Unterschiedliche Richtungen von Werkstückdrehachse und optischer Achse des Bildaufnahmegerätes führen bei einer Verdrehung des Werkstückes zu einer kontinuierlichen Formänderung des aufgenommenen Bildes. Nach einem in /24/ beschriebenen Verfahren wird durch Auswerten von Flächen und Momenten erfolgreich die Verdrehung eines Werkstückes bestimmt. In einer anderen Arbeit /25/ wird bei einer derartigen geometrischen Anordnung von Aufnahmegerät und Werkstück die Verdrehung aus dem Muster abgeleitet, den ein auf das Werkstück projizierter Lichtschlitz verursacht.

Bei einer Parallelität der Drehachse des Werkstückes und der optischen Achse des Aufnahmegerätes bleibt bei einer Verdrehung die Form des Werkstückes erhalten. Die Zahl der Formen ist dann z.B. gegeben durch die wenigen stabilen Lagen, die das Werkstück auf einer horizontalen Ebene einnimmt und durch die Größe des zu erkennenden Werkstücksortimentes. In einem Merkmalsvergleich, der wegen der eingeschränkten Formvielfalt wesentlich weniger Aufwand erfordert, wird Werkstückart, Auflageart, translatorische Verschiebung und Winkelverdrehung errechnet /19-23/.

Für die Erkennung und Lagevermessung bei Mustern ohne Rotationsfreiheitsgrad, z.B. Bohrungen in Werkstücken, die fest eingespannt oder auf einem Förderband befestigt sind, bietet sich als wirtschaftliche Lösung der Einsatz eines inkohärent-optischen Korrelators /24/ an. Bei diesem Gerät wird das auszuwertende Muster auf eine transparente Maske, und zwar eine Photographie des Musters abgebildet. Durch gegenseitiges Verschieben von Musterbild und Maske wird eine Überdeckung erreicht, die aus einer Intensitätsmessung des die Maske durchstrahlenden Lichtes detektiert wird. Durch Auswerten der bei einer Überdeckung vorliegenden Verschiebepositionen werden die Lagekoordinaten des Musters errechnet.

Eine weitere Vereinfachung ergibt sich durch Zulassen nur eines Translationsfreiheitsgrades, wenn z.B. ein auf einem Förderband liegendes Werkstück gegen einen Anschlag geführt wird. Bei geeigneter Form des Werkstückes bilden sich beim Anlaufen an den Anschlag eine beschränkte Anzahl stabiler Winkellagen aus. Nach Auswerten nur weniger Zeilen des Bildaufnahmegerätes läßt sich die Lageklasse und die Verschiebung des Werkstückes entlang des Anschlages angeben /27/. Ein Errechnen der Verschiebung entfällt, wenn die Lage des Werkstückes durch einen zweiten Anschlag eingeschränkt wird /28/.

Als eine weitere Optimierung der geometrischen Anordnung ist bei der Erkennung dreidimensionaler Werkstücke der Abstand Werkstück - Bildaufnahmegerät groß zu wählen. Ansonsten führt eine Verschiebung des Werkstückes im Bildfeld zu einer Änderung des Aspektwinkels und damit zu einer Erhöhung der Formvielfalt. Die aus der Abstandsvergrößerung resultierende Verkleinerung der Werkstücke kann durch den Einsatz langbrennweitiger Optiken kompensiert werden.

2.3.3 Beleuchtungsmaßnahmen

Die Art der Beleuchtung nimmt einen wesentlichen Einfluß auf die Qualität der auszuwertenden Bilder und damit auch auf die Aufwendigkeit des Erkennungsverfahrens. Man unterscheidet Beleuchtung im
- Auflicht,
- Durchlicht und
- Lichtschnitt.

Eine **Auflichtbeleuchtung** führt im allgemeinen zu nicht reproduzierbaren Bildern und damit zu aufwendigen Bildverarbeitungen.

Bei Auflichtbeleuchtung ist die Bildqualität abhängig von den Oberflächeneigenschaften der Werkstücke sowie von der geometrischen Anordnung der Beleuchtung. Veränderungen der Werkstückoberfläche durch Schmutz, Rost, Öl oder Schleifspuren führen bei Auflichtbeleuchtungen zu Bildstörungen. Ebenfalls nicht reproduzierbare Bilder ergeben sich, wenn die Ausleuchtung eines Werkstückes zu verdrehungs- oder verschiebungsabhängigen Reflexionen führt. Um diesen Effekt klein zu halten, werden großflächige und damit aufwendige Beleuchtungskörper benötigt. Zusätzliche Schwierigkeiten ergeben sich auch bei reproduzierbaren Bildern dann, wenn die Grauwerte innerhalb der Werkstückbilder stark streuen. Dieser vor allem bei dreidimensionalen Werkstücken wegen der unterschiedlichen Reflexionsbedingungen auftretende Effekt führt bei einer Binarisierung (Schwarz-Weiß-Darstellung) des Bildes zu einem Zerfall des Werkstückbildes in nicht zusammenhängende Bildbereiche (Bild 2). Bei mehreren im Bildfeld liegenden Objekten resultiert daraus eine beträchtliche Erhöhung des Aufwandes, weil die einzelnen Objektabschnitte durch Auswerten derer Merkmale und deren relativer Lage und Verdrehung werkstückzugehörig zu ordnen sind.

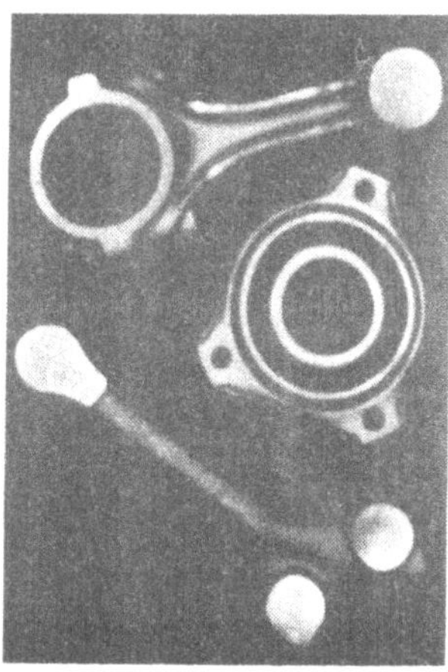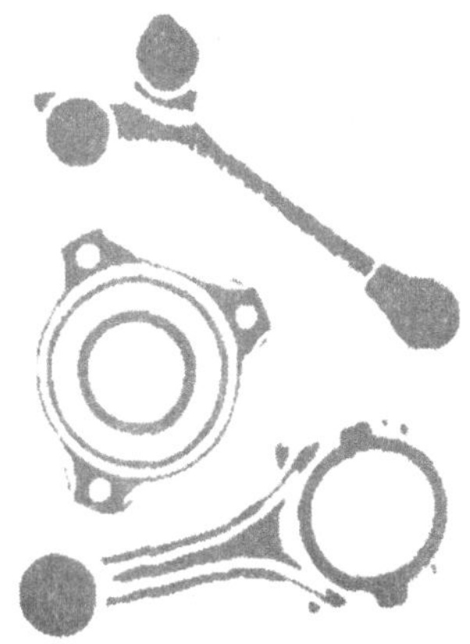

<u>Bild 2:</u>
Grauwertbild und Binärbild von Werkstücken bei Auflichtbeleuchtung.

Eine wesentliche Verbesserung der Bildqualität ergibt sich bei einer Betrachtung des Werkstückes im **Durchlicht**. Nachteilig bei einer derartigen Beleuchtung ist, daß die Information bezüglich der Struktur völlig verloren geht und das Einrichten von Durchlichtbeleuchtungsstationen unter Umständen zu einem starken Eingriff in bestehende Fertigungseinrichtungen führt (z.B. die Anschaffung transparenter Förderbänder).

Bei einer Durchlichtbeleuchtung ist die Abstrahlcharakteristik der leuchtenden Auflageebene zu beachten. Wird das von einem Flächenelement der Auflageebene ausgehende Licht unter einem großen Öffnungswinkel abgestrahlt, besteht die Gefahr, daß dieses Licht durch Reflexion am Werkstück in das Objektiv des Aufnahmegerätes gelangt. Werkstückbereiche, welche die Reflexionsbedingung erfüllen, werden dadurch abhängig von deren Oberflächenbeschaffenheit mehr oder weniger aufgehellt. Dies führt zu nicht reproduzierbaren Konturbildern (Bild 3).

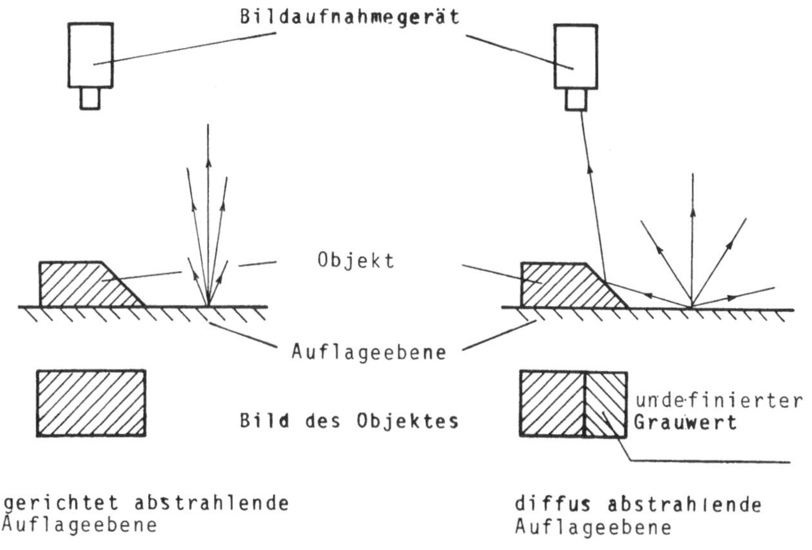

<u>Bild 3:</u>
Konturbild eines Werkstückes bei verschiedenen Emissionseigenschaften der Auflageebene.

Eine gute Bildqualität, die unabhängig von Reflexionsbedingungen und Oberflächenbeschaffenheit des Werkstückes ist, wird erreicht, wenn mittels Abstandsmessung ein dreidimensionales Bild des Werkstückes aufgenommen wird. Zur Anwendung kommende Abstandsmessungen sind dabei Lichtlaufzeitmessungen und Triangulationsverfahren. Bei Lichtlaufzeitmessungen wird die Zeit gemessen, die ein von einem Laser ausgehender Lichtstrahl benötigt, um nach einer Reflexion am Werkstück wieder am Sender anzukommen /29,30/. Die nach diesem Prinzip arbeitenden Geräte sind für einen Einsatz in der Praxis noch zu aufwendig. Bei den Triangulationsverfahren wird der Winkel zwischen zwei Lichtstrahlen gemessen, die mit einem Punkt des Werkstückes in Zusammenhang stehen. Hierzu sind unterschiedliche Verfahren entwickelt worden:

- Das Werkstück wird von zwei Bildaufnahmegeräten unter verschiedenem Winkel beobachtet. Läßt sich je ein Bildpunkt der beiden Bilder einem gemeinsamen Werkstückpunkt zuordnen, kann aus den Bildkoordinaten der beiden Bildpunkte und den Positionen der Bildaufnahmegeräte die Entfernung des Werkstückpunktes errechnet werden /31/. Die Zuordnung vereinfacht sich, wenn auf das Werkstück Muster (Lichtpunkte, Lichtschlitze) projiziert werden /32/.

- Auf das Werkstück werden ebenfalls Muster projiziert, die unter einem Winkel zur Projektionsrichtung beobachtet werden. Mit Kenntnis dieses Winkels wird durch Auswerten der Lage der Muster im Bild ein dreidimensionales Bild vom Werkstück erhalten /33,34/.

Bei dem letztgenannten Verfahren wird das Abtasten eines Werkstückes besonders einfach, wenn sich dieses bewegt. Zur Bildaufnahme wird ein <u>Lichtschlitz</u> auf das z.B. auf einem Fließband liegende Werkstück projiziert. Wird der dadurch auf Werkstück und Band erzeugte Lichtschnitt gemäß Bild 4 beobachtet, erhält man das in Bild 5 dargestellte Schlitzlichtbild. Mit einer Linearkamera wird der vom Werkstück ungestörte Anteil des Lichtschnittes ausgemessen und damit bei Bewegung des Werkstückes dessen Kontur abgetastet /35/. Abschattungen des Lichtschlitzes durch das Werkstück

(Bild 6) werden weitgehend vermieden, wenn das Werkstück aus verschiedenen Richtungen beleuchtet wird. Die aus verschiedenen Richtungen kommenden Lichtschlitze sind dabei so zu justieren, daß sie sich auf dem Band überdecken.

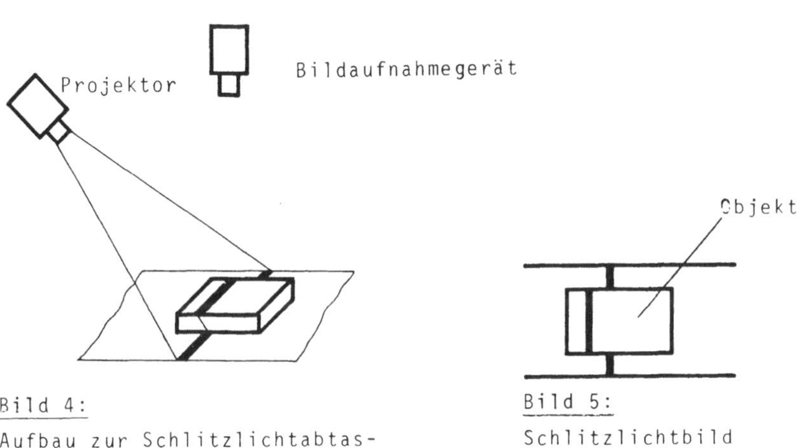

Bild 4:
Aufbau zur Schlitzlichtabtastung eines Werkstückes.

Bild 5:
Schlitzlichtbild

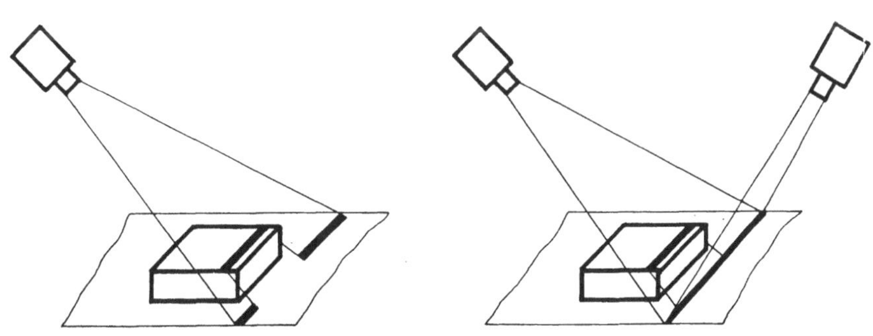

Bild 6:
Abschattungseffekt und dessen Beseitigung bei Schlitzlichtbeleuchtung.

2.3.4 Sensorfreundliches Konstruieren

Sensorfreundliches Konstruieren von Werkstücken soll dazu beitragen, die Erkennbarkeit von Werkstücken zu erhöhen oder zu ermöglichen. Unterschiedliche Auflagearten zeigen sich einem Sensor in ähnlicher oder gar in gleicher Form, wenn z.B. eine Unterscheidung durch ein vom Sensor nicht einzusehendes Merkmal gegeben ist. Derartige Mehrdeutigkeiten können durch zusätzliche Merkmale (Einkerbungen, Durchbrüche usw.) beseitigt werden. Diese zusätzlichen Merkmale lassen sich oftmals ohne Mehraufwand bei der Fertigung einarbeiten.

2.3.5 Einplanen von Rückweisungen

Trotz dieser Maßnahmen zur Gestaltung der Szene oder weil diese Maßnahmen in ihrer Gesamtheit nicht anzuwenden sind, wird es Fälle geben, bei denen eine eindeutige Erkennung nicht möglich ist. Beim Bildsensor wird für derartige nicht erkennbare Muster eine zusätzliche Klasse, eine sog. Rückweisungsklasse eingeführt. Der Gesamtprozeß ist hierfür so zu gestalten, daß diese nicht erkannten Teile über eine Rückführung der Erkennungsstation neu zugeführt werden.

2.4 Im Rahmen dieser Arbeit geleisteter Beitrag zur Gestaltung der Szene und der Meßanordnung

Die Zahl der stabilen Auflagearten mancher Werkstücke läßt sich durch Übergang von einer festen zu einer weichen Auflageebene reduzieren. Zwei Effekte führen zu dieser Reduktion:

- Bedingt durch die Form eines Werkstückes ist die Auflagefläche ungleichmäßig belastet. Bei weicher Unterlage wird dadurch der stärker belastete Bereich der Auflagefläche weiter in die weiche Unterlage eingedrückt (Bild 7). Eine durch den Schwerpunkt des Werkstückes gezogene Senkrechte liegt dann unter Umständen außerhalb der Standfläche und die Auflageart wird instabil.

- Eine Zacke auf dem Werkstück führt bei dem in Bild 8 dargestell-

ten Werkstück zu zwei stabilen Auflagearten. Bei weicher Unterlage wird diese Zacke in die Unterlage eingedrückt, wodurch die
beiden bei fester Unterlage stabilen Auflagearten zu einer Aufla-
genart verschmelzen. Das Verschmelzen ist von besonderer Wichtigkeit, weil verschmelzende Auflagearten im allgemeinen dicht
beieinander liegen und daher oft ähnliche von einem Bildsensor
nicht unterscheidbare Bilder liefern (Seite 114:Bild 52, Auflageart 4 u. 5). Durch das Verschmelzen entfallen damit Mehrdeutigkeiten, die sonst zu Rückweisungen führen.

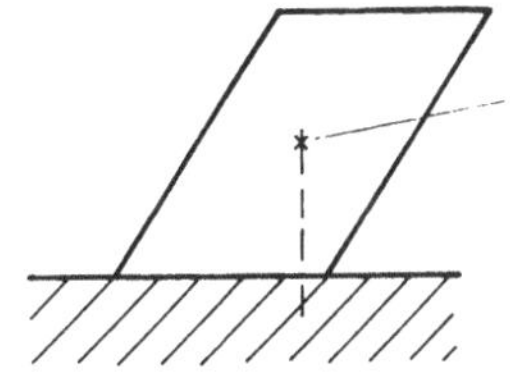
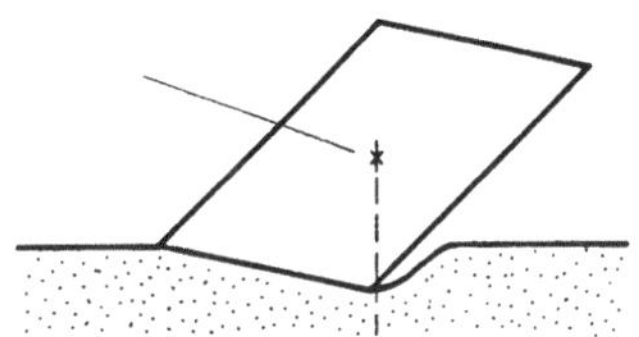

stabile Auflageart bei
harter Auflageebene

instabile Auflageart bei
weicher Auflageebene

Bild 7:
Das Verschwinden einer Auflageart bei Übergang von einer harten
zu einer weichen Auflageebene.

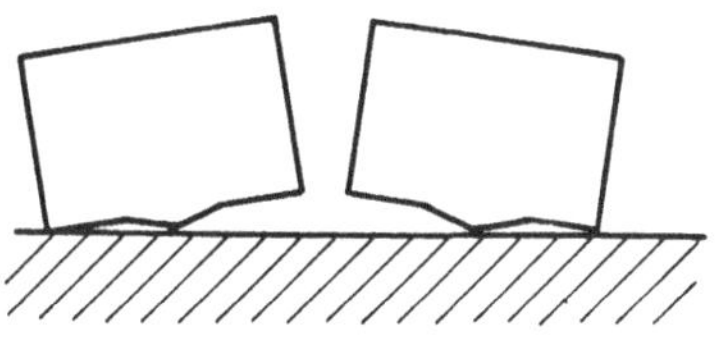
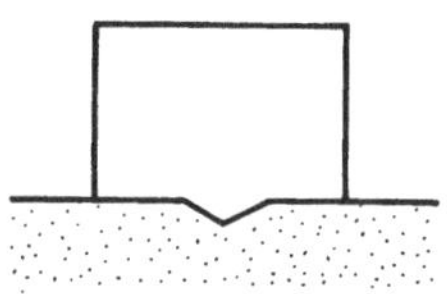

zwei Auflagearten bei
harter Unterlage

eine Auflageart bei
weicher Unterlage

Bild 8:
Das Verschmelzen zweier stabiler Auflagearten zu einer stabilen
Auflageart bei Übergang von einer harten zu einer weichen Unter-
lage.

2.5 Zur Wahl des Bildsensorkonzeptes

Bei der Wahl des Sensorkonzeptes bestand die Vorstellung, durch geschickt gewählte Beschränkungen den Sensoraufwand klein zu halten, d.h. es wird in Kauf genommen, daß nur gewisse Aufgaben aus den in Abschnitt 2.2 dargestellten Sensoranwendungen bearbeitet werden können. Geringer Sensoraufwand ist gegeben, wenn die Bilder eine Verarbeitung zulassen, bei der
- das Bild mittels einer Schwellwertoperation binärisierbar ist,
- eine Abspeicherung des Bildes nicht erforderlich ist und
- die Auswertealgorithmen eine genügend schnelle Verarbeitung in einem Mikroprozessor erlauben.

Die <u>Binärisierbarkeit des Bildes mittels einer Schwellwertoperation</u> ist gegeben, wenn durch eine geeignete Wahl der Ausleuchtung die Grauwerte des Werkstückes oder gewisser Werkstückbereiche reproduzierbar entweder über oder unter den Grauwerten des Hintergrundes liegen. Das erfordert: Guten Kontrast zwischen Werkstück bzw. Werkstückbereichen und Hintergrund, gleichmäßige Ausleuchtung des Bildes und ausreichende Helligkeit, so daß das Rauschen des Bildsignals klein ist. Sind diese Bedingungen nicht erfüllt, führt eine Schwellwertoperation zu gestörten Bildern, was wiederum die Anwendung aufwendiger Bildverarbeitungsalgorithmen erfordert. Eine Alternative zu Schwellwertoperationen sind ebenfalls aufwendige Grauwertverarbeitungen, bei denen zumeist über eine Gradientenbildung die Kontur des Werkstückes aus dem Bild extrahiert wird /36/. Bei dem gewählten Konzept werden dabei reproduzierbare und binärisierbare Bilder vorausgesetzt, und hierfür ist nach Abschnitt 2.3 neben Durchlicht- und Schlitzlichtbeleuchtung die Beleuchtung mit Auflicht nur dann zulässig, wenn die Werkstückoberfläche definierte Grauwerte hat und die Reflexionen am Werkstück unabhängig von dessen Lage sind.

Der bei der Konzeption des Bildsensors gewählte Verzicht auf <u>Abspeicherung des Bildes</u> verliert durch die Fortschritte bei der Entwicklung schneller Halbleiterspeicher zunehmend an Bedeutung. Seit der Erstellung des Sensorkonzeptes (1976) ist der durch Einsatz eines Bildspeichers verursachte Mehraufwand von ca. 100 % auf

50 % zurückgegangen. Hierbei ist allerdings zu berücksichtigen, daß ein Bildspeicher nur im Zusammenhang mit aufwendigeren Bildverarbeitungsverfahren die Leistungsfähigkeit eines Sensorsystems wesentlich erhöht.

Ein Sensorkonzept ohne Bildspeicher erfordert eine On-line-Verarbeitung des Bildsignals. Bei einer On-line-Verarbeitung des Bildsignals ist eine Erkennung von mehreren Werkstücken im Bildfeld nur möglich, wenn diese hintereinander liegen (Abschnitt 2.3, Bild 1e). Dies führt in manchen Fällen zu aufwendigeren Vereinzelungsvorrichtungen oder zu einer Reduktion des Durchsatzes, da nebeneinander liegende Werkstücke zurückgewiesen und nach einer erneuten Vereinzelung der Erkennungsstation zugeführt werden. Wird hier unter Umständen durch Einsatz eines leistungsfähigeren Sensorsystems eine erhöhte Wirtschaftlichkeit erreicht, so ist eine Wirtschaftlichkeit bei dem gewählten Sensorkonzept in jedem Fall dann gegeben, wenn eine Vereinzelung schon aufgrund des Fertigungsprozesses besteht (z.B. Lageerkennung oder Vollständigkeitsprüfung von Werkstücken nach dem Verlassen von Bearbeitungsmaschinen, Erkennen von Zielpositionen an großen Teilen).

<u>Kurze Verarbeitungszeiten</u> im Mikroprozessor und geringer Speicheraufwand sind Faktoren, die das im Sensor zur Anwendung kommende Klassifikationsverfahren festlegen. Als Klassifikationsverfahren standen zur Diskussion:

- Vergleich numerischer Merkmale von Mustern, z.B. Fläche, Konturlinienlänge, Momenten, größter und kleinster Durchmesser usw.
- Linguistische Verfahren. Hierbei werden Formelemente eines Musters (Winkel, Rundungen, Geraden) aneinandergereiht, so daß wie bei der Sprache durch Aneinanderreihen von Buchstaben das Wort, in diesem Falle die Musterkontur, entsteht. Durch Vergleich der Wörter wird dann auf die Klasse entschieden.
- Schablonenvergleich. Das Musterbild wird abgespeichert und beim Vergleich wird versucht, durch Verschieben und Verdrehen des vorliegenden Musters dieses mit einem abgespeicherten Muster zur Deckung zu bringen.

Es wurde das erste Verfahren gewählt, da numerische Merkmale mittels Spezialprozessoren schon bei der Bildabtastung aus dem Bildsignal extrahierbar sind und dadurch die noch in einem binärisierten Bild enthaltene große Datenmenge (ca. $2,5 \cdot 10^5$ bit bei einem Fernsehbild) auf wenige mit verhältnismäßig geringem Aufwand verarbeitbare Merkmale reduziert wird. Zur Erkennung werden diese Merkmale in einem Mikroprozessor mit den in einem Einlernvorgang abgespeicherten Merkmalen verglichen. Kurze Vergleichszeiten werden erreicht, wenn durch eine kleine Zahl der eingelernten Formklassen die Zahl der Vergleiche eingeschränkt wird, d.h. die in Abschnitt 2.3 aufgezeigten Möglichkeiten zur Gestaltung der Szene weitgehend genutzt werden.

Zur weiteren Festlegung des Sensorkonzeptes sind die Anforderungen zu formulieren, die sich aus den in Abschnitt 2.2 zusammengefaßten Anwendungsgebieten ergeben. Bezüglich dieser Anforderungen gibt es eine breite Streuung, so daß hierbei eine exakte Abgrenzung nicht möglich ist. Bei der Entwicklung eines Bildsensors besteht das Geschick darin, diese Forderungen bei gleichzeitig geringem Aufwand so weit zu erfüllen, daß für diesen Sensor eine breite Anwendung gegeben ist. Richtlinien für die Entwicklung dieses Bildsensors sind:

- Ein Werkstück mit 2 Translationsfreiheitsgraden und einem Rotationsfreiheitsgrad ist zu erkennen und zu vermessen.
- Die Meßzeit soll unter einer Sekunde liegen und wird dadurch vernachlässigbar klein gegenüber den Handhabungszeiten eines PHG.
- Die Meßgenauigkeit erreicht die Geometriegenauigkeit handelsüblicher Bildaufnahmegeräte und liegt damit bei $\pm$ 1 % der Bildhöhe.
- Die Bedienfreundlichkeit ermöglicht schnelles Umstellen auf andere Werkstücke.

2.6 Bildsensorkonzept

Das Blockschaltbild des Bildsensors ist in Bild 9 dargestellt. Die Bildaufnahme erfolgt mit einer Fernsehkamera, deren optische Achse senkrecht auf der Auflageebene eines Werkstückes steht. In ei-

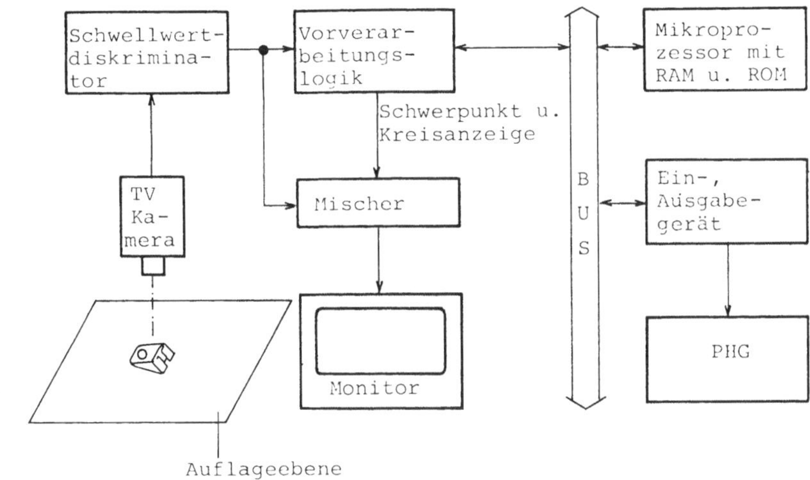

Bild 9: Blockschaltbild des Bildsensors

nem Schwellwertdiskriminator wird das von der Fernsehkamera kommende Bildsignal binärisiert und dieses binärisierte Bildsignal
an eine Vorverarbeitungslogik und an einen Bildmischer gegeben.

Die Vorverarbeitungslogik hat zwei Ausgänge. Ein Ausgang geht auf
den Bildmischer und blendet damit in das Werkstückbild Flächenschwerpunkt und noch zu erwähnende merkmalsbildende Kreise ein.
Der zweite Ausgang geht an den Bus eines Mikroprozessors, über den
die in der Vorverarbeitungslogik extrahierten Klassen- und Lage-
merkmale an den Mikroprozessor übertragen werden. Diese Merkmale
sind:

- Fläche,
- Flächenschwerpunkt,
- Koordinaten von Werkstückkonturpunkten, die mit bis zu vier um
  den Flächenschwerpunkt gezogenen Kreisen zusammenfallen. Die Radien der Kreise werden von dem Anwender in einer Programmierpha-
  se eingestellt und
- ein Übergangsbit, das angibt, ob der entgegen dem Uhrzeigersinn
  gezogene Kreis bei einem Schnittpunkt in das Objekt eindringt
  oder es verläßt.

Nach der Extraktion dieser Merkmale aus dem Bild wird daraus im Mikroprozessor ein Merkmalsvektor aufgebaut, der je nach Betriebsart "Lernen" oder "Messen" unterschiedlich weiterverarbeitet wird.

In der Betriebsart "Lernen" wird der Merkmalsvektor einer Klassennummer zugewiesen, die vom Benutzer eingestellt wird. Dieser Einlernvorgang wird für jede mögliche Auflageart des Werkstückes durchgeführt.

In der Betriebsart "Messen" wird der Merkmalsvektor mit den in der Betriebsart "Lernen" abgespeicherten Merkmalsvektoren verglichen. Aus diesem Vergleich erhält man die Auflageart und die Verdrehung des Werkstückes gegenüber seiner eingelernten Lage. Die translatorische Verschiebung des Werkstückes wird durch die Koordinaten des Flächenschwerpunktes angegeben.

Die Daten werden mittels eines Ein-Ausgabegerätes auf ein Anzeigefeld übertragen. Bei Verkopplung des Sensors mit einem PHG werden im Mikroprozessor aus den Werkstückdaten diejenigen Achsstellungen eines PHG errechnet, die das PHG für einen Griff auf das Werkstück einnehmen muß. Über das Ein-Ausgabegerät werden die Achspositionswerte an das PHG übertragen.

3 Vorverarbeitung des Bildes

3.1 Analogverarbeitung und Binärisierung des Bildes

3.1.1 Das Fernsehsignal (BAS-Signal)

In der Fernsehkamera wird das auf die Aufnahmeröhre abgebildete
Bild zeilenförmig abgetastet und dabei der Helligkeitswert jedes
Bildpunktes in ein elektrisches Signal umgewandelt. Das elektri-
sche Signal einer Bildzeile ist in Bild 10 dargestellt. Die Zeile
beginnt mit einem Synchronisiersignal (Zeilenwechselimpuls), an
das die Schwarzschulter grenzt, die den dunkelsten Stellen im Bild
entspricht. Nach dieser Schwarzschulter beginnt der Bildinhalt.
Am Ende der Zeile ist die hintere Schwarzschulter, die verhindert,
daß der Zeilenrücklauf als helle Linie erscheint.

Ein Fernsehbild setzt sich aus 2 Halbbildern zusammen, wobei jedes
Halbbild aus 312,5 Zeilen besteht und nach 20 ms abgetastet ist.
Ein Bildwechsel wird durch einen Bildwechselimpuls ausgelöst.

Das aus Bildinformation und Synchronisierpulsen zusammengesetzte
Fernsehsignal wird als BAS-Signal (B = Bildsignal, A = Austastsi-
gnal, S = Synchronisiersignal) bezeichnet.

BAS-Signal

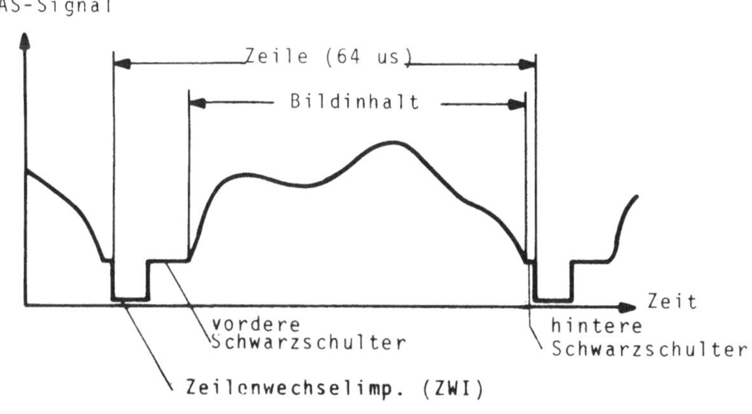

Bild 10: Aufbau einer Fernsehzeile.

3.1.2 Abtrennung der Synchronisiersignale aus dem BAS-Signal und Binärisierung des Bildsignals

Zur Synchronisation der Merkmalsprozessoren und des Mikroprozessors mit dem BAS-Signal sind aus dem BAS-Signal Bildwechselimpulse und Zeilenwechselimpulse auszufiltern. Dies wird in der in Bild 11 als Blockschaltbild dargestellten Schaltung durchgeführt.

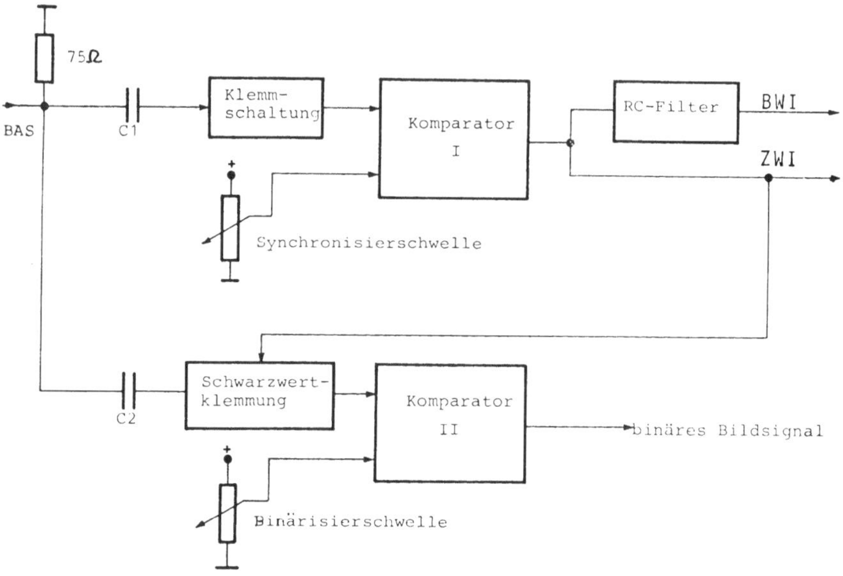

Bild 11:
Analogverarbeitung des BAS-Signals und Abtrennung von Bildwechselimpuls (BWI) und Zeilenwechselimpuls (ZWI)

Das von der Fernsehkamera kommende BAS-Signal wird mit einem 75 Ω Widerstand hochfrequenzmäßig abgeschlossen und mit Hilfe der beiden Kondensatoren C1 und C2 gleichspannungsmäßig abgetrennt. Mittels einer Klemmschaltung wird der Signalpegel der Synchronisierpulse so weit unabhängig vom Bildinhalt gemacht, daß durch Vergleich des BAS-Signals mit einer festen Schwelle die Synchronisiersignale abgetrennt werden können. Dieser Vergleich wird im Komparator I durchgeführt. In einem dem Komparator I nachgeschalteten RC-Filter werden aus dem Synchronisierimpulsgemisch die Bildwechselimpulse extrahiert (Bild 12).

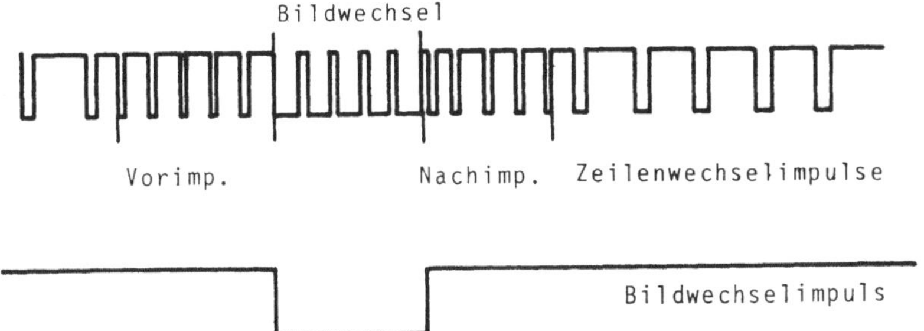

<u>Bild 12:</u> Synchronisierpulse und ausgefilterter Bildwechselimpuls

Für eine Binarisierung des Bildes wird der Signalpegel der Schwarzschulter mittels einer sog. Schwarzwertklemmung auf ein festes Po-
tential gelegt. Hierzu wird die durch die Synchronisiersignalde-
tektion bekannte Phasenlage des BAS-Signals ausgenutzt. Nach dieser Schwarzwertklemmung besteht ein fester Bezug zwischen Grau-
wert des Bildes und Signalspannung. Durch Vergleich des Bildsignals mit einer festen Schwelle - der Vergleich wird in Komparator
II durchgeführt - wird das Bild in zwei Grauwertbereiche einge-
teilt und so ein binäres Bildsignal erzeugt.

<u>3.1.3 Organisation und Rasterung des Bildes</u>

Für eine Weiterverarbeitung des binären Bildsignals wird das Bild
gerastert, d.h. in einzelne Bildpunkte zerlegt, deren Lage durch
die 2 Koordinaten x und y angegeben wird (Bild 13). Der Nullpunkt
des Koordinatensystems liegt in der linken oberen Ecke des Bildes,
bei der auch die Abtastung des Bildes beginnt. Wandert der Abtaststrahl in Zeilenrichtung von links nach rechts, erhöht sich der x-
Koordinatenwert der Bildpunkte. Bei einem Zeilenwechsel in Abtastrichtung wird der y-Wert erniedrigt, was bei der gewählten Lage
des Nullpunktes zu negativen y-Werten führt. Die Richtung der y-
Achse wurde so gewählt, um ein in der Mathematik üblicherweise verwendetes linksdrehendes System zu erhalten.

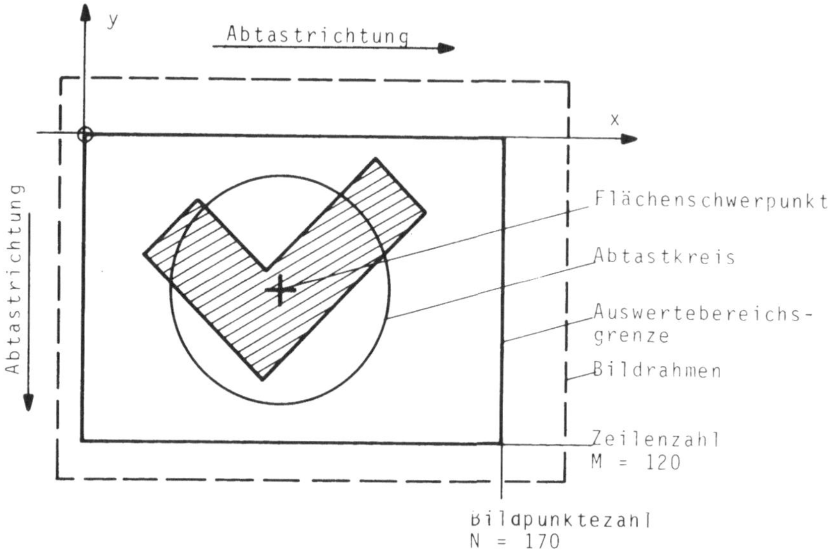

<u>Bild 13</u>: Bildorganisation beim Bildsensor

Um eine Interpretation der vom Bildsensor gelieferten Ergebnisse
in jedem Falle zu ermöglichen, wird von dem von der Fernsehkamera
aufgenommenen Bild nur der Bereich ausgewertet, der auf einem handelsüblichen Fernsehmonitor zur Anzeige kommt. Das Koordinaten-
kreuz wird in den Monitor eingeblendet, wodurch sich die Lage des
Koordinatenkreuzes auf z.B. einer Werkstückauflageebene sehr einfach aus der Koinzidenz des Bildbereiches mit diesen einggeblende-
ten Linien ergibt. Die Herstellung des Bezuges zwischen Bildsensorsystem und anderen Systemen (z.B. PHG) wird dadurch wesentlich er-
leichtert. Der Flächenschwerpunkt eines Objektes wird im Bild
durch ein eingeblendetes Kreuz markiert. Die Koordinaten des Flächenschwerpunktes werden mit x_S und y_S bezeichnet. Zusätzlich läßt
sich im Bild ein merkmalsbildender Kreis darstellen, wodurch beim
Einlernvorgang die Auswahl geeigneter merkmalsbildender Kreise
vereinfacht wird.

Bei der Rasterung des Bildes ist zu beachten:

- Die Rastergröße ist so zu wählen, daß die durch die Fernsehkamera gegebene Genauigkeit (Geometriegenauigkeit $\pm$ 1 % bezogen auf
  die Bildhöhe) nicht verschlechtert wird.

- Der Rasterabstand in x- und y-Richtung sollte im Interesse einer Vereinfachung der Berechnung gewisser Merkmale (z.B. Konturlänge, merkmalsbildende Kreise) gleich sein.
- Ein Versatz der Rasterpunkte gegeneinander ist nicht zulässig.

Bei der Wahl der <u>Rastergröße</u> ist man zunächst an die Zeilenabstände gebunden. Zusätzlich ist zu berücksichtigen, daß ein Überschreiten der 8 bit-Auflösung ($\widehat{=}$ 256 Bildpunkte in einer Abtastrichtung) den Hardwareaufwand mindestens um den Faktor 2 erhöht. Bei den 312,5 Zeilen, die ein Fernsehhalbbild beinhaltet, hat man bei dieser Einschränkung die Möglichkeit, jede Zeile und einen reduzierten Bildbereich, bestehend aus 256 Zeilen, auszuwerten oder das ganze Bild und nur jede zweite Zeile zu verarbeiten. Mit der zusätzlichen Forderung nach <u>gleichem Rasterabstand</u> in x- und y-Richtung wird durch diese Wahl auch die Zeit vorgegeben, die für die Weiterverarbeitung der in einem Rasterpunkt enthaltenen Bildinformation zur Verfügung steht. Diese Abtastzeit pro Bildpunkt errechnet sich aus den Größen

Zeilenzahl = 312,5,
Seitenverhältnis des Bildes; Breite zu Höhe = 4:3 und
Abtastzeit pro Zeile = 52,5 μs

zu 125 ns bei einer Auswertung jeder Zeile. Die beabsichtigten Rechenoperationen pro Bildpunkt können in diesem Falle nur durch Einsatz schneller und aufwendiger Logik durchgeführt werden. Der Auswertung nur jeder zweiten Zeile wurde daher der Vorzug gegeben. Mit der Zusatzforderung, nur die Bildinformation auszuwerten, die auch auf einem handelsüblichen Fernsehmonitor darstellbar ist, erhält man die Zahlen der Bildpunkte in x ($\widehat{=}$ N)- und y ($\widehat{=}$ M)-Richtung:

Bildpunktezahl N pro Zeile = 170
Zeilenzahl   M   = 120

Die Rasterung des Bildes in x-Richtung erfolgt mittels eines Oszillators (4 MHz), der durch den Zeilenwechselimpuls synchronisiert

- 48 -

wird. Dadurch wird _ein Versatz_ der Rasterpunkte gegeneinander vermieden. Vom Oszillator wird der Takt-Eingang eines Flip-Flops ange-
steuert, der die am Dateneingang liegende Bildinformation bei einer positiven Flanke des Oszillatorsignals übernimmt und an seinen
Ausgang weiterschaltet. Bild 17 (Seite 53) zeigt ein auf diese Art
und Weise gerastertes Binärbild eines Werkstückes mit eingeblendetem Flächenschwerpunkt und merkmalsbildendem Kreis.

3.1.4 Bildmischer und Ausgabe des Digitalbildes

Der Bildmischer hat die Aufgabe, in das Fernsehbild Zeichen einzu-
blenden, die dem Benutzer eine Bedienung des Gerätes erleichtern.
In das Fernsehbild werden neben der Bildinformation folgende Zeichen eingeblendet:

- x-Koordinatenachse,
- y-Koordinatenachse,
- Flächenschwerpunkt S und
- merkmalsbildender Kreis.

Bei Bildpunkten, die mit diesen Zeichen zusammenfallen, wird das
binäre Bildsignal mittels der Schaltung in Bild 14 invertiert.

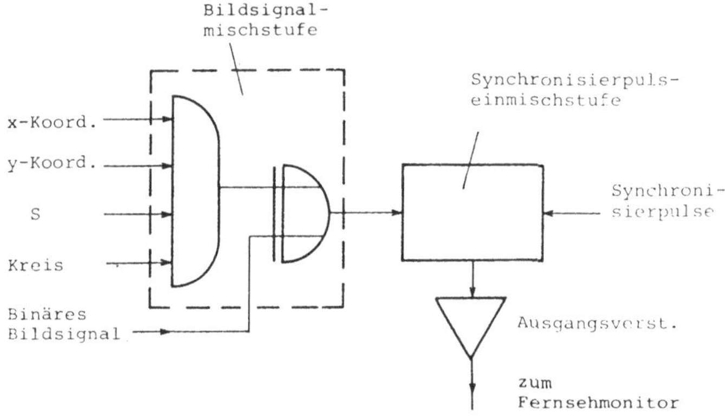

Bild 14: Mischen und Ausgabe des Digitalbildes

Hierzu werden die einzublendenden Signale in einem Gatter verknüpft. Ein nachfolgendes Exclusive-Or-Gatter invertiert das Bildsignal, wenn ein einzublendendes Signal anliegt. Dieses gemischte
Bildsignal wird nach einer Beimischung von Synchronisierpulsen
über einen Ausgangsverstärker auf einen Fernsehmonitor gegeben.

3.2 Darstellung eines verschiebbaren 3 x 3 Bildpunktefensters

Um für einen Punkt die Entscheidung treffen zu können, ob er ein
Werkstückkonturpunkt ist und an dieser Stelle ein einprogrammier-
ter Kreis die Werkstückkontur schneidet, ist die Umgebung dieses
Punktes zu betrachten. Für diesen Zweck ist im Bildsensor eine
Schaltung vorgesehen, mit welcher der Bildinhalt eines 3 x 3-Punk-
te-Fensters (Bild 15) parallel darstellbar ist. Dieses Fenster

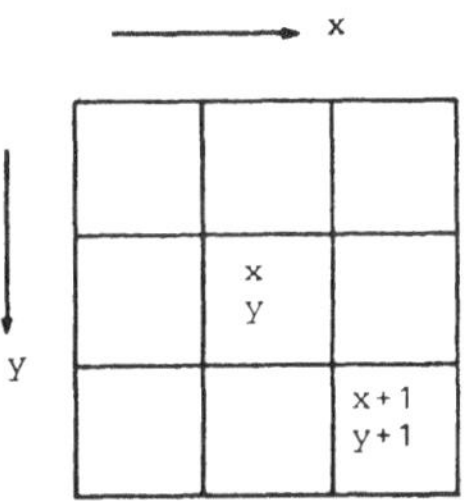

Bild 15:

Koordinaten eines 3 x 3 Bildpunktefensters.

läuft mit dem Abtaststrahl der Fernsehkamera über das Bildfeld,
d.h. der Punkt mit der Koordinate x + 1, y + 1 ist der aktuelle
Punkt, der im Augenblick vom Abtaststrahl der Fernsehkamera ausgelesen wird. Der mittlere Punkt mit den Koordinaten x und y ist der
Aufpunkt, für den die Entscheidung getroffen wird. Der Aufpunkt
hat zwei verschiedene Arten von Nachbarpunkten:

- direkte Nachbarn, die eine Seite mit dem Aufpunkt gemeinsam haben und
- diagonale Nachbarn, die den Aufpunkt an einer Ecke berühren.

Zur Darstellung des Bildfensters wird die Bildinformation zweier
Zeilen, die unmittelbar vor der aktuellen Zeile liegen, abgespeichert. Zur Abspeicherung werden 3 Schreib-Lesespeicher eingesetzt, von denen in zyklischer Vertauschung einer eingelesen und

zwei ausgelesen werden. Die Ausgänge der Speicher sind auf Seriell-parallel-Schieberegister geschaltet, die von jeder Zeile den Bildinhalt dreier aufeinanderfolgender Punkte parallel darstellen.

3.3 Merkmalsprozessoren

Die Merkmalsprozessoren haben die Aufgabe, während der Bildabtastung Merkmale aus dem Bild zu extrahieren und damit nach der Bildabtastung eine für eine Klassifizierung und Lagebestimmung ausreichende Beschreibung des im Bildfeld liegenden Objektes zu geben.

3.3.1 Fläche

Die Fläche ist ein in der Bildverarbeitung bevorzugt verwendetes Klassenmerkmal, weil es wegen seines integralen Charakters wenig störanfällig ist und andererseits seine Berechnung geringen Aufwand erfordert. Die Fläche errechnet sich aus der Zahl der Bildpunkte, die mit dem Objekt zusammenfallen. Die Zahl A dieser Bildpunkte ist gegeben durch

$$A = \sum_{y=1}^{M} \sum_{x=1}^{N} B(x,y). \qquad (3.3-1)$$

$B(x,y)$ beschreibt dabei die Schwarz-Weiß-Verteilung des Bildes, und es gilt:

$$B(x,y) = \begin{cases} 1 \text{ für Punkte innerhalb des Objektes} \\ 0 \text{ für Punkte außerhalb des Objektes} \end{cases}$$

Durch Multiplikation dieser Punktezahl mit der Fläche eines Bildpunktes erhält man die Fläche F des Objektbildes.

$$F = A \cdot \Delta x \cdot \Delta y \quad (\Delta x = \text{Spaltenabstand}, \Delta y = \text{Zeilenabstand}) \qquad (3.3-2)$$

Im folgenden wird dabei $\Delta x = \Delta y = 1$ gesetzt und damit ist $F = A$.

Bei der schaltungstechnischen Realisierung der Flächenmessung wird ein Zähler mit dem Rastertakt hochgezählt und dabei vom Bildsignal so gesteuert, daß die Rasterpunkte gezählt werden, die mit dem Objekt zusammenfallen.

3.3.2 Flächenschwerpunkt

Zur Messung der translatorischen Verschiebung eines Objektes im Bildfeld wird als Bezugspunkt der mit verhältnismäßig geringem Aufwand zu berechnende Flächenschwerpunkt gewählt. Neben seiner Verwendung als Lagemerkmal bildet die Kenntnis eines Bezugspunktes die Voraussetzung für die Berechnung weiterer Merkmale (siehe Abschnitt 3.3.3).

Bei der Berechnung des Flächenschwerpunktes wird davon ausgegangen, daß jedem auf dem Objekt liegenden Rasterpunkt ein Gewicht der Größe 1 zugeordnet ist. Für die Koordinaten des Objektflächenschwerpunktes gilt dann mit den in der Experimentalphysik gebräuchlichen Formeln zur Berechnung eines Schwerpunktes:

$$x_s = \frac{\sum x \cdot B(x,y)}{\sum B(x,y)} \quad \text{und} \quad y_s = \frac{\sum y \cdot B(x,y)}{\sum B(x,y)} \ .$$

Im Nenner der Gleichung steht die Zahl der auf dem Objekt liegenden Rasterpunkte, die in Abschnitt 3.3.1 als eine zur Fläche des Objektes identische Zahl A errechnet wurde. Die Aufgabe der Flächenschwerpunktsberechnung reduziert sich dadurch auf die Berechnung der Flächenschwerpunktszähler Z_{x_s} und Z_{y_s}. Die Division durch die Zahl A wird nach der Bildabtastung im Mikroprozessor durchgeführt. Die Größen Z_{x_s} und Z_{y_s} errechnen sich wie folgt:

$$Z_{x_s} = \sum_{y=1}^{M} \sum_{x=1}^{N} x \cdot B(x,y) \quad \text{und} \tag{3.3-3}$$

$$Z_{y_s} = \sum_{y=1}^{M} \sum_{x=1}^{N} y \cdot B(x,y).$$

Das bedeutet, daß der Merkmalsprozessor die Koordinaten eines Bildpunktes dann aufzusummieren hat, wenn dieser Bildpunkt auf dem Objekt liegt.

Das Blockschaltbild der hierfür entwickelten Schaltung ist in Bild
16 dargestellt.

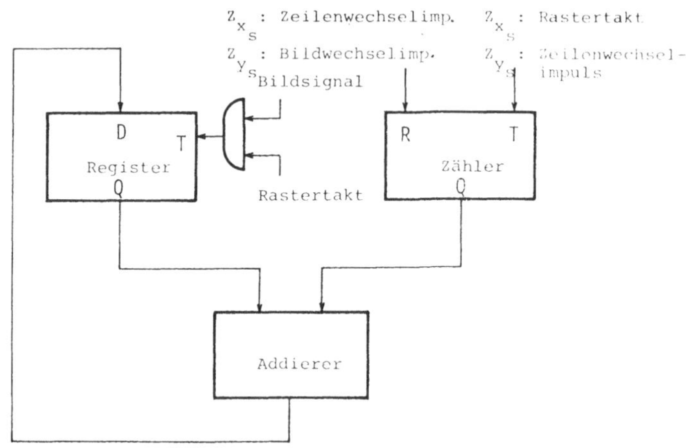

<u>Bild 16:</u>

Blockschaltbild der Schaltung zur Berechnung der Flächenschwer-
punktezähler (D=Informationseingang, Q=Ausgang, R=Rückstellein-
gang, T=Takteingang)

Für die Berechnung der beiden Flächenschwerpunktszähler wurden
zwei nahezu identische Recheneinheiten entwickelt. Der Unterschied liegt in dem Zähler, der bei der Berechnung von Z_{x_s} die Rasterpunkte in einer Zeile zählt und bei der Berechnung von Z_{y_s} die
Zeilen zählt. Am Ausgang dieses Zählers steht dann jeweils der x-
Koordinatenwert bzw. der y-Koordinatenwert des zu verarbeitenden
Bildpunktes.
Dieser Koordinatenwert wird auf einen Addierer gegeben, der ihn zu
einer bis dahin schon bestehenden und im Register abgespeicherten
Summe addiert. Das Ergebnis wird in das Register übernommen, wenn
der zu verarbeitende Bildpunkt ein Objektpunkt ist. Nach Abschluß
der Bildabtastung sind die Flächenschwerpunktszähler in den Regi-
stern der beiden Recheneinheiten abgespeichert und können vom Mikroprozessor ausgelesen werden.

3.3.3 Kreis-Werkstückkonturschnittpunkte

3.3.3.1 Prinzipielle Vorgehensweise

Nach der Kenntnis eines mit dem Objekt im Zusammenhang stehenden Bezugspunktes - in diesem Falle des Flächenschwerpunktes-, kann eine Polarabstandsfunktion erstellt werden, die den Abstand des Flächenschwerpunktes zur Kontur abhängig von einem Polarwinkel ϕ angibt. Bei diesem Bildsensorkonzept wird nicht die gesamte Polarabstandsfunktion als Merkmal aus dem Bild extrahiert, sondern es werden lediglich die Punkte der Polarabstandsfunktion ausgewertet, die einen definierten Abstand vom Flächenschwerpunkt haben. Zur Detektion dieser Punkte werden Kreise um den Flächenschwerpunkt gezogen, deren Radien vom Benutzer objektabhängig gewählt werden. Die Schnittpunkte dieser Kreise mit der Werkstückkontur sind die gesuchten Punkte der Polarabstandsfunktion. Ausgehend vom Flächenschwerpunkt werden Geraden durch diese Kreis-Werkstückkonturschnittpunkte gelegt und aus den Winkeln zwischen den Geraden Winkelfolgen $\alpha_{j,t}$ gebildet, die wie folgt definiert sind (vergleiche Bild 17):

j ist ein Laufindex, der die Winkelfolge durchnumeriert, wenn sie ausgehend von der positiven x-Richtung linksdrehend durchlaufen wird. Der erste volle Winkel zwischen zwei Geraden wird mit j = 1 indiziert. Der Winkel mit dem Index j = 0 gibt die Verdrehung der Winkelfolge gegenüber dem Koordinatensystem an. Die

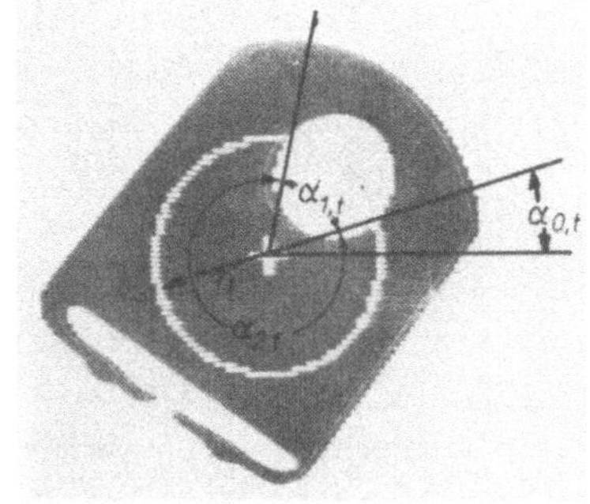

Bild 17:

Binärbild eines Werkstückes mit eingeblendetem merkmalsbildendem Kreis vom Radius r_t und Winkelfolge $\alpha_{j,t}$ durch Schneiden von Werkstückkontur und Kreis.

Winkelfolge $\alpha_{j,t}$ ($j = 0$) ist ein Klassenmerkmal und der Winkel $\alpha_{0,t}$ ein Lagemerkmal, aus dem die Verdrehung des Objektes gegenüber der eingelernten Lage erhalten wird.

t ist ein Index, der die Winkelfolge $\alpha_{j,t}$ dem Abtastkreis mit dem Radius r_t zuordnet.

Das Klassenmerkmal $\alpha_{j,t}$ ($j \neq 0$) ist von besonderer Wichtigkeit, weil dieses Merkmal im Gegensatz zu den bisher eingeführten Klassenmerkmalen eine Unterscheidung spiegelsymmetrischer Muster ermöglicht. Spiegelsymmetrie tritt insbesondere bezüglich der zwei Auflagearten von Flachteilen auf und ist daher ein in der Praxis sehr häufiges Ereignis.

Ein weiteres zur Winkelfolge gehörendes Klassenmerkmal ist die Funktion b $(\alpha_{1,t})$, aus der zu entnehmen ist, ob der durch den Winkel $\alpha_{1,t}$ ausgeblendete Kreisabschnitt außerhalb oder innerhalb des Objektes liegt. Die Funktion b $(\alpha_{1,t})$ ist folgendermaßen definiert:

$$b(\alpha_{1,t}) = \begin{cases} 0 \text{ außerhalb des Objektes} \\ 1 \text{ innerhalb des Objektes.} \end{cases}$$

Die Funktion $b(\alpha_{1,t})$ ist dann von Bedeutung, wenn durch eine Verdrehung die auf dem Objekt liegenden Kreisabschnitte mit den Kreisabschnitten zur Deckung gebracht werden können, die nicht auf dem Objekt liegen (Bild 18) oder wenn bei den zu klassifizierenden Objekten Objekte enthalten sind, die durch Invertierung des Bildinhaltes die Form eines anderen Objektes annehmen.

Ist nach einer ersten Bildabtastung der Flächenschwerpunkt ausgemessen, werden in weiteren Bildabtastungen die Abtastkreise und ihre Schnittpunkte mit der Objektkontur berechnet.

Für die Kreisberechnung wird zunächst der Abstand d des Abtastpunktes zum Flächenschwerpunkt bestimmt. Es gilt:

$$d^2 = (x-x_s)^2 + (y-y_s)^2 \qquad (3.3-4)$$

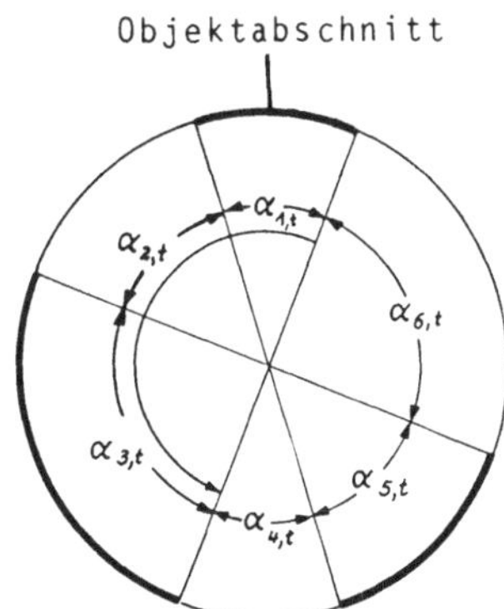

Bild 18:
Doppeldeutigkeit einer Winkelfolge $\alpha_{i,t}$, die durch die Zusatzinformation b ($\alpha_{1,t}$) aufgehoben wird

Doppeldeutigkeit, wenn:
$$\alpha_{1,t}=\alpha_{4,t}$$
$$\alpha_{2,t}=\alpha_{5,t}$$
$$\alpha_{3,t}=\alpha_{6,t}$$

In einem weiteren Rechenschritt wird dann geprüft, ob der errechnete Abstand d (in Rastereinheiten) bis auf eine Toleranzgrenze Δr gleich dem Kreisradius r (in Rastereinheiten) ist, und zwar:

$$(r - \Delta r)^2 \leqq d^2 < (r + \Delta r)^2 \ . \tag{3.3-5}$$

Der Wert für die Toleranzgrenze Δr wird zu 0,5 Rastereinheiten gewählt, wodurch bei einer Zeile, die den Kreis schneidet, mindestens ein Punkt gegeben ist, der die Bedingung (3.3-5) erfüllt.

Für die Berechnung eines Kreises wird eine Halbbildabtastung benötigt. Mit jeder Kreisabtastung wird daher die Zeit für die Meßwertaufnahme um die Dauer eines Halbbildes ($\hat{=}$ 20 ms) verlängert.

Bei der Detektion der Kreis-Werkstückkonturschnittpunkte ist zu beachten, daß im Interesse einer einfacheren Nachverarbeitung bei einem Schnitt des Kreises mit der Werkstückkontur die Schnittbedingung nur für einen Bildpunkt erfüllt ist. Der für eine derartige Detektion entwickelte Algorithmus geht von der Annahme aus, daß die Konturlinie des Objektes und der Kreis Linien sind, bei denen jeder Linienpunkt zwei Linienpunkte als direkte Nachbarn (siehe Abschnitt 3.2) hat. Kreuzen sich zwei derartige Linien, so gibt es immer mindestens einen Bildpunkt, der zu beiden Linien gehört. Existieren mehrere derartige Bildpunkte, z. B. im Bild 19 sind es 3 Punkte, muß durch eine Zusatzbedingung der Schnittpunkt ausgewählt werden. Abgesehen von noch zu besprechenden Sonderfällen ist

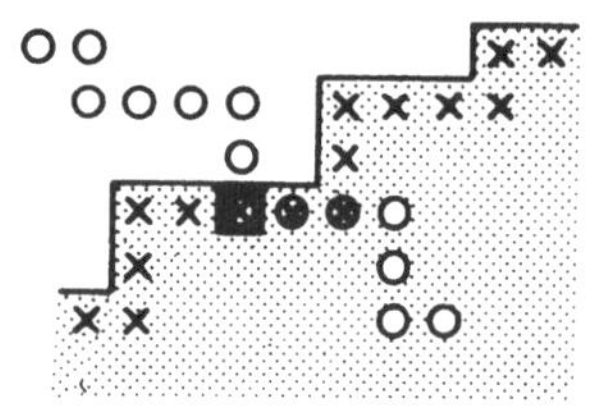

Bild 19:

Das Schneiden eines Objektes mit einer Linie.

ein Schnittpunkt dann gegeben, wenn ausgehend von einem gemeinsamen Bildpunkt, die Linie, welche die Objektkontur schneidet, außerhalb und innerhalb des Objektes weiterläuft. Diese Bedingung ist erfüllt, wenn bei einem gemeinsamen Punkt je ein zur Linie gehöriger direkter Nachbar außerhalb und innerhalb des Objektes liegt. Der in Bild 19 eingerahmte gemeinsame Bildpunkt erfüllt diese Bedingung und wird daher als Schnittpunkt ausgewählt.

Sonderfälle ergeben sich, wenn das Objekt zu einer Linie wird (Bild 20a) oder die das Objekt schneidende Linie an der Stelle in das Objekt eintritt, an der sie es verlassen hat (Bild 20b).

Die in Bild 20 aufgezeichneten Sonderfälle führen zu Doppelschnittpunkten, d.h. die Linie verläßt das Objekt an diesem Punkt, an wel-

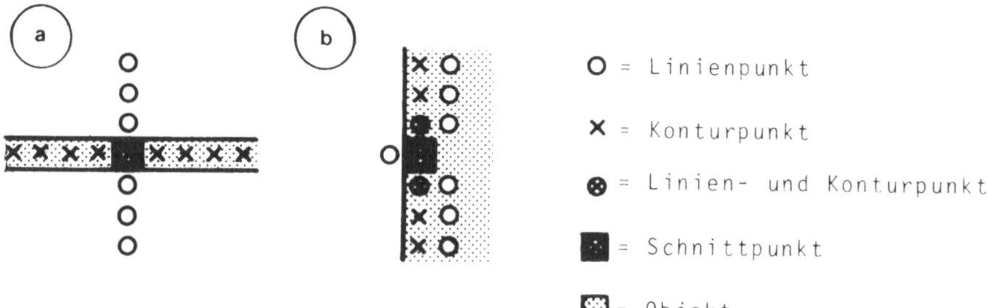

Bild 20:
Sonderfälle beim Schneiden eines Objektes mit einer Linie.

chem sie in das Objekt eingetreten ist. Der Doppelschnittpunkt in
Bild 20a, der im folgenden als Kreuzungspunkt bezeichnet wird, ist
dadurch charakterisiert, daß ein gemeinsamer Bildpunkt zwei Linienpunkte als direkte Nachbarn hat, die außerhalb des Objektes
liegen und die sich gegenüberliegen. Der in Bild 20b dargestellte
Sonderfall, eine sog. Ausstülpung, ist gegeben, wenn ein gemeinsamer Bildpunkt einen Linienpunkt als direkten Nachbarn hat, der
außerhalb des Objektes liegt und mehr als einen Linienpunkt als direkte Nachbarn hat, die innerhalb des Objektes liegen.

Das Eintreten der Linie mit einem Bildpunkt in das Objekt wird, abgesehen von einer Kreuzung, als ein Berühren interpretiert und
nicht als Schnittpunkt detektiert. Berührpunkte sind in Bild 21
dargestellt.

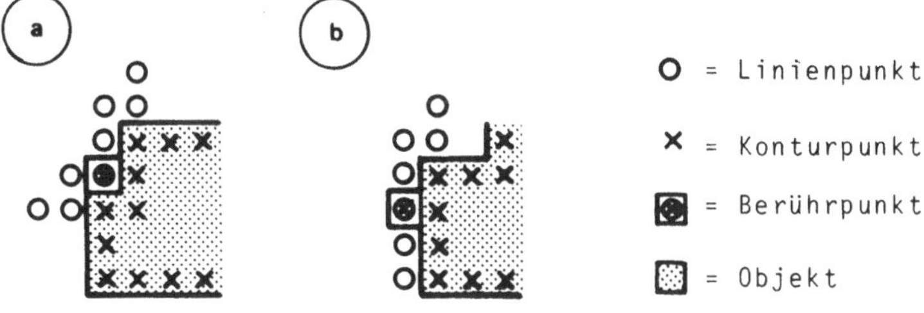

Bild 21:
Das Berühren von Objekt und Linie.

Wegen des in Bild 21b dargestellten Ereignisses ist für den Kreuzungspunkt eine Zusatzbedingung einzuführen, und zwar muß ein Kreuzungspunkt zwei direkte Nachbarn besitzen, die zum Objekt gehören
und die einander gegenüberliegen.

Nach einer Schnittpunktdetektion ist zur Bestimmung der Funktion
$b(\alpha_1,t)$ zusätzlich zu untersuchen, ob bei diesem Schnittpunkt der
Kreis, der im linksdrehenden Sinne durchlaufen wird, in das Objekt
eindringt oder dieses verläßt. Hierzu wird von einem Schnittpunkt
aus gesehen der Kreispunkt geprüft, der bei der gewählten Abtastrichtung vor dem Schnittpunkt liegt. Bei jedem Quadranten gibt es
zwei Punkte, die ein derartiger Kreispunkt sein können, und die

geprüft werden müssen, ob sie auf dem Objekt oder außerhalb des Objektes liegen. In Bild 22 sind die zu prüfenden Bildpunkte abhängig vom Quadranten punktiert eingezeichnet. Ist einer dieser Punkte ein Kreispunkt und liegt er außerhalb des Objektes, dringt der Kreis an dieser Stelle in das Objekt ein.

Quadrantennummer

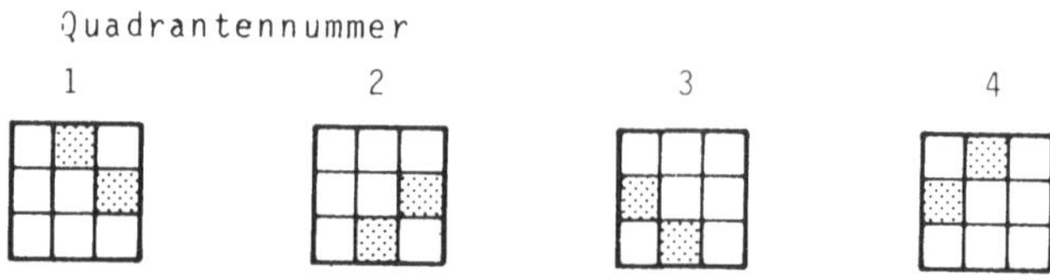

Bild 22:

Prüfpunkte (▒) zur Entscheidung, ob der Kreis bei einem Schnittpunkt in das Objekt eintritt oder es verläßt.

Bei Doppelschnittpunkten erübrigt sich eine derartige Überprüfung, weil durch die Art des Doppelschnittpunktes auch die Reihenfolge der Übergangsarten gegeben ist:

$$\begin{array}{rcl} \text{Kreuzung} & \hat{=} & \text{Eintritt} \rightarrow \text{Austritt} \\ \text{Ausstülpung} & \hat{=} & \text{Austritt} \rightarrow \text{Eintritt} \end{array}$$

3.3.3.2 Kreisprozessor

Für eine schaltungstechnische Realisierung sind zunächst die Kreispunkte zu errechnen. Das Blockschaltbild des Kreisprozessors ist in Bild 23 dargestellt.

Über einen Multiplexer werden die Koordinatenwerte $x' = x - x_S$ und $y' = y - y_S$ auf einen Multiplizierer gegeben. Mit dem aktivierten Zeilenwechselimpuls wird der y'-Koordinatenwert an den Eingang des Multiplizierers geschaltet und mit Impulsende wird der Wert y'^2 in einem Register abgespeichert. Während der Bildabtastung wird der x'-Koordinatenwert im Multiplizierer quadriert und in einem Addierer dem y'^2-Wert zugezählt. Die Summe $x'^2 + y'^2$ wird auf den Eingang zweier Komparatoren gegeben, die den Vergleich mit den

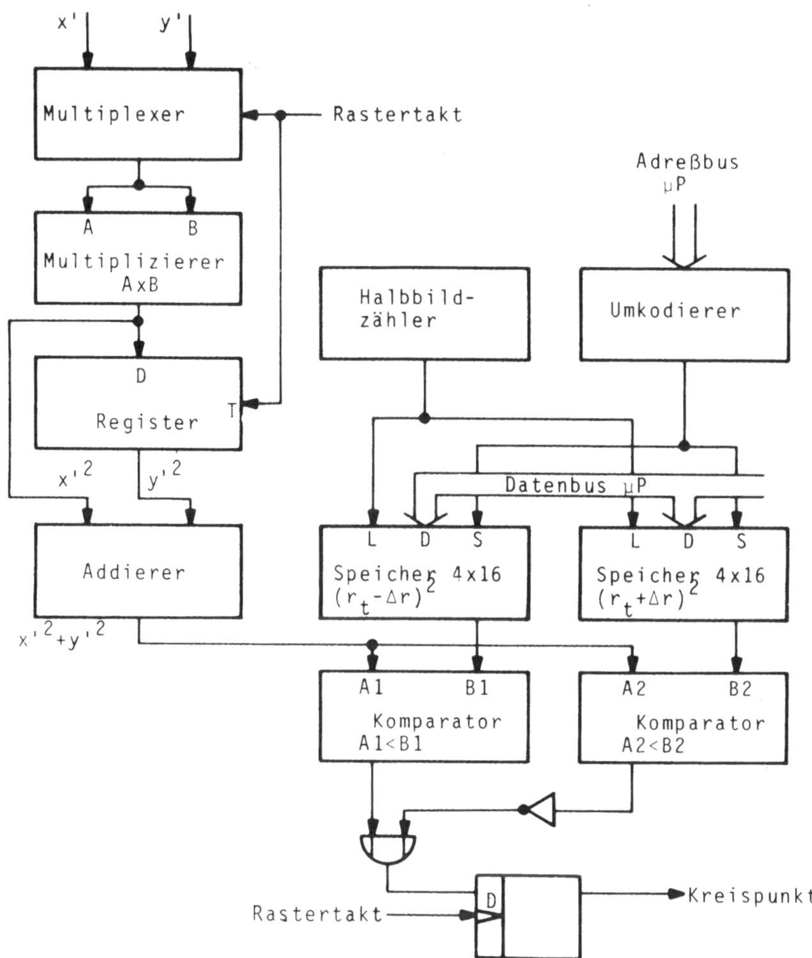

<u>Bild 23:</u>

Blockschaltbild des Kreisprozessors.
(D = Informationseingang   L = Leseadresse
 T = Takt   S = Schreibadresse)

beiden Grenzen $(r_t \pm \Delta r)^2$ durchführen. Die Ausgänge der beiden Komparatoren sind so verschaltet, daß am Ausgang eines NOR-Gatters der
Zustand logisch 1 ist, wenn die Kreisbedingung (Gleichung (3.3-4))
erfüllt ist. Mittels eines Flip-Flops wird die Phasenlage des errechneten Kreispunktes an die der anderen Bildpunkte angeglichen.
Die Speicher, in denen die Grenzwerte $(r_t + \Delta r)^2$ und $(r_t - \Delta r)^2$
abgespeichert sind, werden vor dem Abtastzyklus vom Mikroprozes-

sor mit bis zu 4 unterschiedlichen Grenzwerten geladen. Während
des Abtastzyklusses wird die Ausleseadresse dieser Speicher mit jedem Halbbildwechsel inkrementiert und so bei jedem Halbbild ein
neuer Kreis abgetastet. Nach 4 Halbbildern ist der Abtastzyklus
beendet.
Die Berechnung der Kreispunkte erfordert eine Zeit, die der Abtastzeit von zwei Bildpunkten entspricht. Damit im Fernsehbild die
richtige Zuordnung vom Kreis und Bildinhalt gegeben ist, wird das
Bildsignal um zwei Bildpunkte verschoben.

3.3.3.3 Schnittpunktprozessor

Für eine Schnittpunktdetektion sind gemäß der verbalen Beschreibung in Abschnitt 3.3.3.1 3 Bildfunktionen $B(x,y)$ zu betrachten:

- eine Objektfunktion $B_0(x,y)$,
- eine Schnittlinienfunktion $B_S(x,y)$, die beim Bildsensor z.B.
  ein Kreis ist und
- eine Objektkonturfunktion $B_K(x,y)$.

Zur Schnittpunktdetektion werden nach den in Abschnitt 3.3.3.1
erarbeiteten Vorschriften diese drei Funktionen mittels Gatter logisch verknüpft. Bei den ersten beiden Funktionen werden dabei neben dem Aufpunkt auch die Funktionswerte der direkten Nachbarn des
Aufpunktes weiterverarbeitet. Hierzu werden mittels der in Abschnitt 3.2 beschriebenen Schaltung 3 x 3 Bildpunkte dieser Funktionen parallel dargestellt.

3.4 Segmentierung

Liegen mehre Objekte im Bildfeld, erhält man bei der Bildauswertung nur dann sinnvolle Ergebnisse, wenn die Merkmale einem Objekt
zugeordnet werden können. Bei diesem Sensor ist die separate Behandlung eines Objektes dann möglich, wenn die Objekte so hintereinander liegen, daß zwischen zwei Objekten eine Fernsehzeile exi-
stiert, welche nicht vom Objekt geschnitten wird (Bild 1f). Umgekehrt ist ein Zerfall eines Objektes in mehrere geschlossene Bild-

bereiche (siehe Bild 2) nur dann zulässig, wenn es nicht möglich
ist, diese Bildbereiche durch Fernsehzeilen ohne Objektinhalt zu
unterteilen.

Diese einfache Art der Segmentierung der Objekte voneinander wurde
für die Erkennung von Werkstücken auf einem Förderband entwickelt.
In vielen Fällen ist es möglich, mittels Führungsschienen die Werkstücke auf dem Band so anzuordnen, daß die Segmentierungsbedingung
erfüllt ist.

Die Auswahl des Objektes erfolgt nach drei Kriterien:

- das Objekt berührt nicht die obere Bildkante,
- das Objekt erreicht eine gewisse Fläche und
- das erste Objekt, das bei der Bildabtastung die obengenannten Bedingungen erfüllt, wird ausgewählt.

Durch die Flächenbedingung werden kleinere Flecken, verursacht
z.B. durch Bandverschmutzung, nicht weiterverarbeitet und unter
Umständen ausgefiltert, d.h. sie stören nicht die Merkmale eines
segmentierten Objektes, wenn sie von diesem durch eine Fernsehzeile ohne Objektbildinhalt getrennt sind.

Die Schaltung zur Segmentierung ist in Bild 24 dargestellt. Bei
Bildanfang wird nach einer ersten Leerzeile ein Zähler, der die
Zahl der Objektpunkte zählt, freigegeben. Erscheint nach einer Ob-
jektabtastung wieder eine Leerzeile, wird geprüft, ob eine vom Anwender vorgegebene Objektpunktezahl A_{min} erreicht ist. Ist dies
nicht der Fall, werden der Objektpunktezähler und die anderen Merkmalsprozessoren zurückgestellt, und die Schaltung damit in den Zustand versetzt, den sie bei Bildanfang hatte. Ist die Zahl A_{min}
erreicht, wird bei nachfolgender Leerzeilendetektion ein Flip-
Flop (FF) gesetzt, das den Freigabe-Eingang von Zähler und anderen
Merkmalsprozessoren sperrt und damit die Berechnung von Objekten
verhindert, die nachfolgend im Bildfeld liegen.

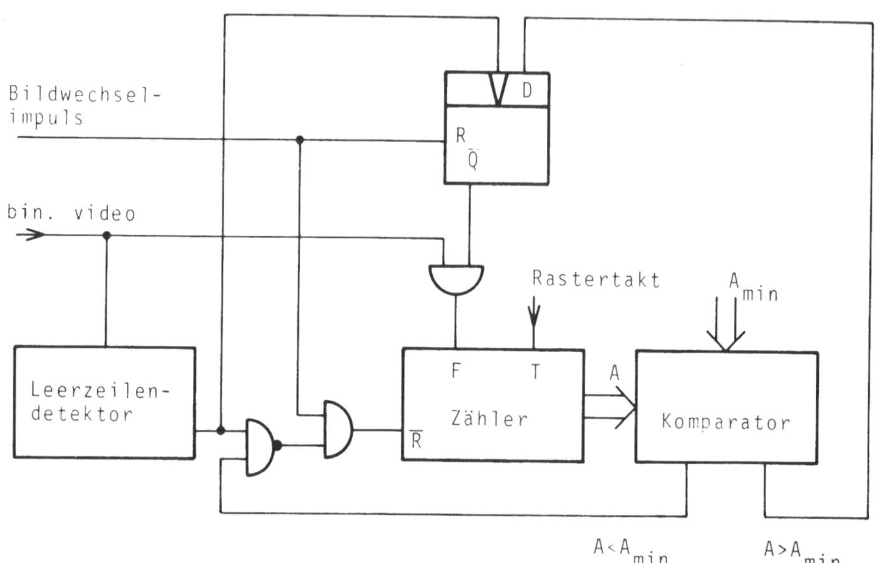

Bild 24:

Schaltung zur Objektsegmentierung
(D = Informationseingang, Q = Ausgang, R = Rückstelleingang,
T = Takteingang, F = Freigabe)

4 Auswertung der gemessenen Merkmalsgrößen

Im vorherigen Abschnitt wurden die Verfahren zur Bildvorverarbeitung und der Gewinnung numerischer Merkmale behandelt. Auf die Vorverarbeitungs- und Merkmalsextraktionsstufe folgt die Klassifikationsstufe, in der das vorliegende Muster einer Klasse k zugeordnet wird.

Die Merkmale eines Musters werden im folgenden als Komponenten eines Vektors, des Merkmalsvektors $\vec{c}$, verstanden. Entsprechend der Zahl n der Merkmale c_1, c_2 ... c_n ist die Dimensionalität des Raumes, in dem der Merkmalsvektor einen Punkt festlegt. Eine Musterklasse k kann im allgemeinen nicht durch einen Punkt im Merkmalsraum beschrieben werden, da die einzelnen Merkmale einer Musterklasse infolge von Störungen und Meßfehler streuen. Eine Musterklasse k nimmt somit einen gewissen Teil Ω_k des Vektorraumes ein, der in einer Lernphase zu bestimmen ist.

Ist nach dieser Lernphase die räumliche Verteilung der Merkmalsvektoren innerhalb eines Klassenbereiches durch eine Formel (z.B. durch eine Verteilungsdichte) angebbar, spricht man von einem <u>parametrischen Problem.</u> Ist dagegen innerhalb eines Klassenbereichs die Verteilung nicht bekannt, liegt ein sog. <u>nichtparametrisches Problem</u> vor.

Zur zeichnerischen Veranschaulichung des Klassenbereichs wird durch eine Begrenzungslinie angezeigt, daß die Mustervektoren einer Klasse mit großer Wahrscheinlichkeit innerhalb eines umrandeten Bereichs liegen (siehe Bild 25).

Bei der Wahl der Merkmale ist im Interesse einer einfachen und fehlerfreien Klassifikation zu beachten, daß die Klassenbereiche kompakt und gut von anderen Klassenbereichen getrennt sind. Nach dieser Optimierung ist ein geeignetes Verfahren zu wählen, welches imstande ist, diese Klassenbereiche voneinander zu trennen. Im folgenden wird eine kurze Übersicht über die gängigsten Verfahren zur Lösung dieser Klassifikationsaufgabe angegeben.

4.1 Klassifikationsverfahren

4.1.1 Entscheidungsfunktionen

Für eine Klassifizierung lassen sich Entscheidungsfunktionen $e(\vec{c})$ angeben, welche die Klassenbereiche voneinander abtrennen, d.h. die Entscheidungsfunktion beschreibt den Ort im Vektorraum, bei dem die Wahrscheinlichkeit für das Auftreten zweier Klassen gleich ist. In Bild 25 sind Entscheidungsfunktionen für ein zweidimensionales Zweiklassenproblem eingezeichnet. Eine lineare Entscheidungsfunktion erhält man, wenn die Klassenbereiche durch Geraden oder im mehrdimensionalen Fall durch Trennebenen ($n = 3$) oder Hyperebenen ($n > 3$) separierbar sind. Man spricht in diesem Fall von einem linearen Klassifikator. Ist die Trennfunktion eine Kurve oder eine gekrümmte Fläche, hat man ein nichtlineares Klassifikationsproblem.

Für das Zweiklassenproblem in Bild 25 lautet die Entscheidungsregel:

$\vec{c}$ in Klasse 1, falls $e(\vec{c}) > 0$
$\vec{c}$ in Klasse 2, falls $e(\vec{c}) < 0$
Rückweisung, falls $e(\vec{c}) = 0$

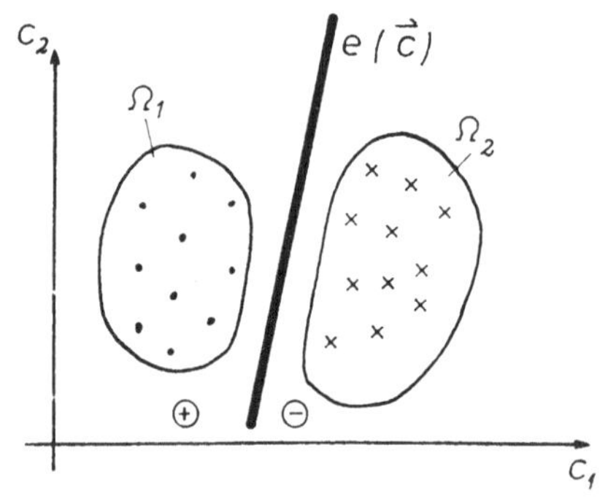

lineare Entscheidungsfunktion

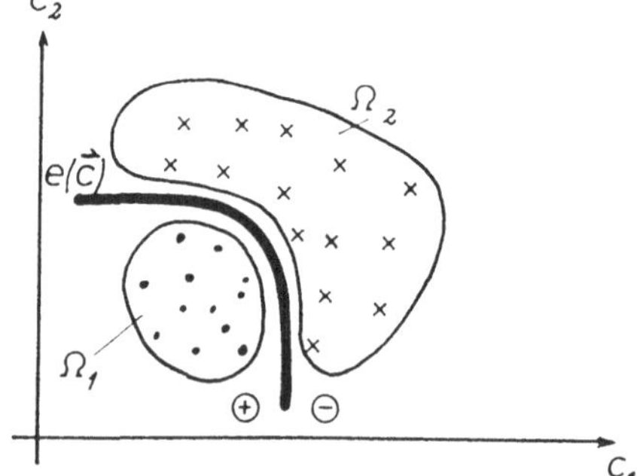

nichtlineare Entscheidungsfunktion

Bild 25: Entscheidungsfunktionen für ein Zweiklassenproblem.

4.1.2 Nächster-Nachbar-Klassifikator

Der Grundgedanke besteht darin, daß Muster, deren Merkmalsvektoren im Merkmalsraum nahe beieinanderliegen, vermutlich der gleichen Klasse angehören. Bei der Klassifikation wird der Abstand des
zu klassifizierenden Vektors $\vec{c}'$ zu allen in der Lernphase abgespeicherten Merkmalsvektoren $\vec{c}_k$ berechnet. Bei kleinstem Abstand des
Vektors $\vec{c}'$ zu einem Vektor $\vec{c}_{k*}$ wird das zu erkennende Muster der
Klasse k* zugeordnet.

Abhängig von der zu lösenden Aufgabe und der zur Verfügung stehenden Rechenkapazität werden unterschiedliche Abstandsmaße verwendet, wovon im folgenden zwei häufig verwendete Abstandsmaße angegeben werden:

$$d(\vec{c}',\vec{c}) = \left[\sum_{v=1}^{n} (c'_v - c_v)^2\right]^{1/2} \qquad \text{(euklidischer Abstand) und} \qquad (4.1\text{-}1a)$$

$$d(\vec{c}',\vec{c}) = \sum_{v=1}^{n} |c'_v - c_v| \qquad\qquad (4.1\text{-}1b)$$

4.1.3 Auswertung durch sequentielle Suche

Bei den beschriebenen Klassifikationsverfahren hat man die Wahl,
die Merkmale parallel oder in Form einer sequentiellen Suche zu
verarbeiten. Beim sequentiellen Suchen werden die Merkmale eines
Vektors geordnet nach deren Trennwirksamkeit nacheinander zur
Klassifikation herangezogen. Nach Abarbeitung jedes Merkmales
wird geprüft, ob die vorhandene Information zur Anwendung einer
Entscheidungsregel ausreicht, oder ob eine weitere Komponente des
Merkmalsvektors zu untersuchen ist. Das Ziel sequentieller Verarbeitung ist eine Aufwandsersparnis, da unter Umständen nur wenige
Komponenten untersucht werden müssen, um zu einer Entscheidung zu
kommen.

Die Vorgehensweise wird anhand eines Dreiklassenproblems erläutert. Es wird dabei angenommen, daß für eine Entscheidungsfindung

ausreichend ist, die Intervalle zu betrachten, innerhalb derer die
Verteilungsdichten eine gewisse Größe erreichen. Bei dieser nicht-
parametrischen Klassifikation wird das Ergebnis in einem sogenann-
ten Entscheidungsbaum ermittelt (Bild 26).

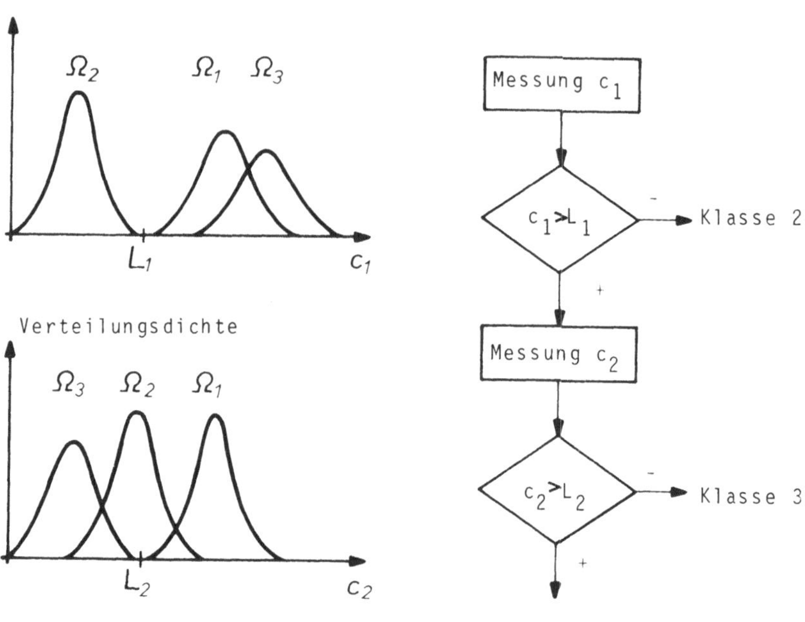

Bild 26:
Verteilungsdichte zweier Merkmale für 3 Klassen und Entscheidungsbaum zur Klassifizierung. L ist eine Schwellenbezeichnung.

4.2 Klassifikation im Bildsensor

4.2.1 Statistisches Verhalten der Merkmalkomponenten

Bei der Klassifikation im Bildsensor wird davon ausgegangen, daß
im Interesse eines schnellen Einlernens neuer Werkstücke eine Messung der klassenspezifischen Verteilungsdichten nicht sinnvoll
ist, da hierfür pro Musterklasse eine große Zahl von Einlernvorgän-

gen durchzuführen wäre. Beim Bildsensor wird im folgenden das appa-
ratespezifische und aufbauspezifische Verhalten der Merkmalskomponenten untersucht, wobei es allerdings nicht zu umgehen ist, gewisse Minimalforderungen an die zu klassifizierenden Muster zu stellen. Aufgrund dieser einmaligen, beim Einrichten des Gerätes durchgeführten Untersuchung werden die Klassifizierungsalgorithmen und
die Prüfgrößen bezüglich der einzelnen Merkmale festgelegt.

Die durch das Gerät, den Bildsensor, verursachten Fehler bei der
Messung der Merkmale sind zurückzuführen auf Nichtlinearitäten
von Optik und Kamera, auf Digitalisierungsfehler und Rechenunge-
nauigkeiten. Bei dreidimensionalen Objekten verfälschen sich die
Merkmale zusätzlich durch Änderung des Aspektes bei einer Verschiebung des Objektes in der Bildfeldebene.

Es wird bei der Klassifizierung vorausgesetzt, daß durch die Wahl
der Beleuchtung das Konturbild der Objekte nicht durch Schmutz
oder Reflexionen gestört ist, da der Einfluß derartiger Störungen
nicht abschätzbar ist.

In Ermangelung der Kenntnis der Verteilungsdichten werden für die
einzelnen Merkmale Intervallbreiten, sog. Konfidenzintervalle,
festgelegt, innerhalb derer die Merkmale einer Klasse mit hoher
Wahrscheinlichkeit zu erwarten sind. D.h. in einem Lernvorgang
wird das Merkmal eines Musters gemessen und dieser Merkmalswert
bildet die Referenz für die Klasse, zu der das Muster gehört. Das
Intervall, das um diesen Referenzwert gelegt wird, wird aufgrund
der nachfolgenden Schätzungen oder Messungen bestimmt. Die Messungen werden im Durchlicht gemacht, wobei als Bildaufnahmegerät eine
Kamera der Firma Bosch Fernseh-GmbH (Typ: T6 XK 92 A1) verwendet
wird.

Sind die Entstehungsmechanismen der Fehler bekannt, werden die Fehler abgeschätzt, da ausgehend von einer derartigen Schätzung die
Grenzen des Verfahrens bezüglich der Klassifizierung von Objekten
festgelegt werden können. Ansonsten werden die Intervallbreiten
aus einer Messung abgeleitet.

4.2.1.1 Fläche

Der Fehler bei der Messung "Merkmal Fläche" setzt sich zusammen aus den Fehlern verursacht durch Änderung des Aspektwinkels, aus dem Digitalisierungsfehler und den Fehlern des Bildaufnahmegerätes. Die ersten beiden Fehler werden abgeschätzt und der dritte ausgemessen.

Fehler durch Aspektänderungen

Bild 27 zeigt die Verhältnisse bei der Bildaufnahme. Die Breite des Objektes ist b und die Höhe ist h, wobei die beiden Größen auch Mittelwerte sein können. Durch die Verschiebung des Objektes aus der Bildfeldmitte ändert sich der Aspektwinkel und die Kamera sieht anstatt der Breite b die Breite b'. Der relative Fehler in Prozent wird dadurch zu:

$$(\frac{\Delta F}{F})_A = \frac{b'-b}{b} \cdot 100. \tag{4.2-1}$$

Aus dem Abstand a des Bildaufnahmegerätes zur Auflageebene und dem Durchmesser d des Bildfeldes errechnet sich das Verhältnis $\frac{b'-b}{h}$ zu:

$$\frac{b'-b}{h} = \frac{d/2}{a} \text{ und daraus}$$

$$b'-b = \frac{d \cdot h}{2a} \tag{4.2-2}$$

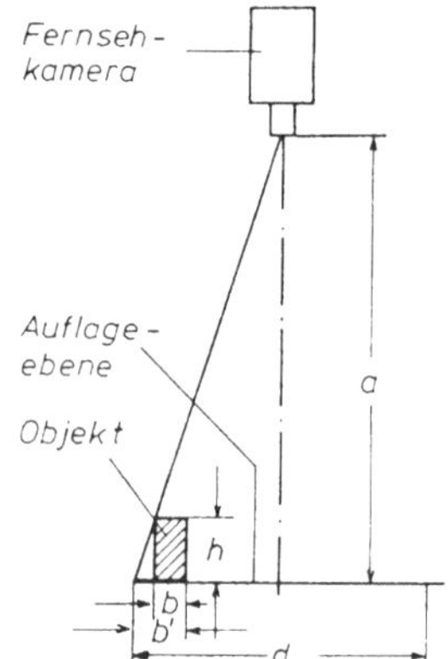

<u>Bild 27:</u>
Skizze zur Abschätzung des Fehlers bedingt durch Aspektänderungen

Eingesetzt in Gleichung (4.2-1) gilt für den relativen Fehler in Prozent:

$$\left(\frac{\Delta F}{F}\right)_A = \frac{d \cdot h}{2a \cdot b} \cdot 100. \tag{4.2-3}$$

Ein Beispiel soll die Größe des Fehlers veranschaulichen. Gängige Größen bei der Bildaufnahme sind:

a = 150 cm und
d = 30 cm.

Wird ein Verhältnis $\frac{h}{b} = 2$ noch zugelassen, so ergibt sich aufgrund der Aspektwinkeländerung ein relativer Flächenfehler von 20 %. Neben der im Beispiel aufgezeigten Flächenvergrößerung kann durch diesen Effekt auch eine Flächenverkleinerung zustande kommen, so daß dieser Fehler zum Fehlerintervall einen Wert von ± 20 % beiträgt. Dabei wird vorausgesetzt, daß beim Einlernvorgang das Objekt in der Bildmitte liegt.

<u>Digitalisierungsfehler</u>

Der Digitalisierungsfehler entsteht dadurch, daß die Signalgröße eines Bildrasterelementes nahe an der Binärisierungsschwelle liegt und wegen Rauschen, Helligkeitsschwankungen, ortsabhängiger Empfindlichkeit der Aufnahmeröhre oder Ortsänderungen des Objektes dieses Rasterelement nur manchmal als zum Objekt gehörig betrachtet wird. Im allgemeinen bleibt dieser Effekt wegen Mittelung über die größere Anzahl von Rasterelementen, die ein Objekt überdeckt, klein. Sind die Kanten eines Objektes allerdings parallel oder unter einem Winkel von 45 zu den Rasterspalten oder -zeilen, kann durch diesen Effekt ein größerer Fehler zustandekommen, da die gesamte an der Objektkante anliegende Spalte oder Zeile nur manchmal zur Objektfläche dazugezählt wird. Demgemäß wird dieser Fehler bei rechteckigen Objekten am größten, weil z.B. im Falle von Helligkeits- oder Empfindlichkeitsschwankungen dieser Effekt an der gesamten Kontur auftreten kann. Für den relativen prozentualen Digitalisierungsfehler gilt damit im schlechtesten Falle:

$$\left(\frac{\Delta F}{F}\right)_D = \frac{\text{Zahl der Konturpunkte}}{\text{Fläche}} \cdot 100. \qquad\qquad (4.2\text{-}4)$$

Die Verhältnisse werden dann besonders ungünstig, wenn die Fläche klein gegenüber der Kantenlänge ist, was bei kleinen und langgestreckten Rechtecken gegeben ist.

Als Beispiel wird der max. Digitalisierungsfehler bei einem Rechteck bestimmt, dessen Kantenlängen b und l so gewählt sind, daß die Fläche des Rechteckes den kleinsten Flächen der zu erkennenden Objekte entspricht:

b = 15 Bildpunkte
l = 30 Bildpunkte

Eingesetzt in Gleichung (4.2-4) ergibt:

$$\left(\frac{\Delta F}{F}\right)_D = \frac{2 \cdot (l+b)}{l \cdot b} \cdot 100 = \frac{90}{450} \cdot 100 = 20\ \%.$$

Wird davon ausgegangen, daß beim Einlernen beachtet wird, daß ein Muster keine der ausgezeichneten Lagen gegenüber dem Raster einnimmt, und damit ein mittlerer Flächenwert gemessen wird, so liegt die auf den Digitalisierungsfehler zurückzuführende max. Abweichung bei $\pm 10\ \%$.

<u>Meßfehler bei der Bildaufnahme</u>

Dieser Fehler $\left(\frac{\Delta F}{F}\right)_M$ wurde mit dem Sensor ausgemessen. Um die in den vorherigen Abschnitten behandelten Fehler weitgehend zu eliminieren, wurde als Prüfobjekt eine Kreisscheibe verwendet, deren Fläche an verschiedenen Orten im Bildfeld gemessen wurde. Der Durchmesser der Kreisscheibe war 15 % der Bildfeldhöhe. Die Messung erfolgte im Durchlicht, wobei die Lichtquelle ein handelsüblicher Leuchttisch war.

In einer ersten Meßreihe wurde geprüft, inwieweit sich der Meßwert bei einer Verschiebung der Scheibe innerhalb eines kleinen Ortsbereiches ändert. Aus dieser Messung ist der Einfluß abzuschätzen, den in diesem Falle Digitalisierungsfehler und zeitliche Änderungen der Lichtintensität auf das Ergebnis haben. Die Abweichungen bei dieser Messung waren mit ± 0,5 % vernachlässigbar klein.

In einer zweiten Meßreihe wurde die Abhängigkeit des Flächenwertes vom Ort im Bildfeld untersucht. Die Untersuchung ersteckte sich dabei über einen quadratischen Bereich in der Bildfeldmitte. Die Seitenlänge des Quadrates war 75 % der Bildfeldhöhe. Die maximalen Abweichungen, bezogen auf den in der Bildfeldmitte gemessenen Wert, waren + 6 % und -2 %. Anfängliche Vermutungen, daß dieser Fehler auf die mangelnde Geometriegenauigkeit der Kamera zurückzuführen ist, wurde durch die im nachfolgenden Abschnitt durchgeführten Untersuchungen nicht bestätigt. Der Fehler entsteht im wesentlichen durch die Ortsabhängigkeit von Ausleuchtung und Aufnahmeröhrenempfindlichkeit. Bedingt durch die begrenzte Steilheit des Signals beim Übergang schrumpft oder wächst das Objekt bei Änderung des Signalpegels und gleichzeitigem Festhalten der Schwelle (Bild 28).

Nachstehend sind die bei der Flächenmessung auftretenden maximalen Fehler zusammenfassend dargestellt:

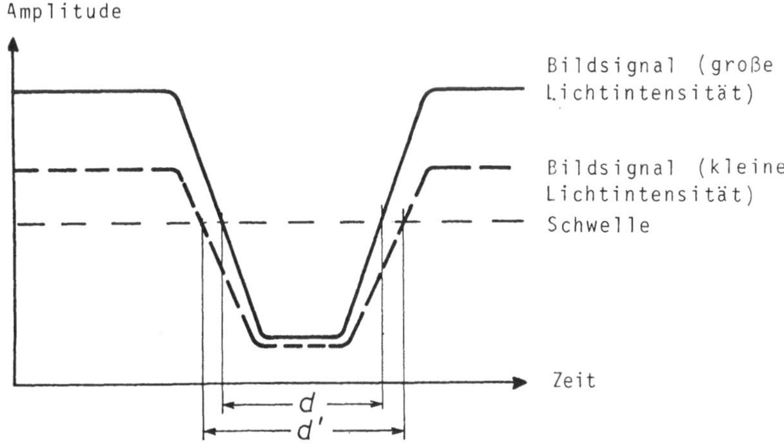

<u>Bild 28:</u>
Prinzipskizze zur Veranschaulichung der Vergrößerung des Objektdurchmessers von d nach d' bei Reduktion der Lichtintensität

Bezeichnung	Symbol	Fehlergröße %	Zusatzbemerkungen
Aspektfehler	$\left(\frac{\Delta F}{F}\right)_A$	±20	$\frac{\text{Objekthöhe}}{\text{Objektbreite}} < 2$ und $\frac{\text{Bildabstand}}{\text{Bilddurchmesser}} > 5$
Digitalisie-rungsfehler	$\left(\frac{\Delta F}{F}\right)_D$	±10	Objektlänge >30 Bildpunkte Objektbreite >15 Bildpunkte
Meßfehler	$\left(\frac{\Delta F}{F}\right)_M$	± 6	abhängig vom Meßaufbau und Bildaufnahmegerät

4.2.1.2 Flächenschwerpunkt

Entsprechend der Doppelfunktion des Flächenschwerpunktes, und zwar einerseits als Lagemerkmal und andererseits als Mittelpunkt des formabtastenden Kreises, ist er bezüglich zweier Eigenschaften zu betrachten:

- der Fehler bei der Ortsmessung und
- die Abweichung bezüglich des Objektes.

Die Fehler bei der Ortsmessung wurden in einem quadratischen Bereich in der Bildfeldmitte ausgemessen, wobei die Seitenlänge des Quadrates 75 % der Bildfeldhöhe war. Das Bildfeld wurde mit transparentem Millimeterpapier ausgelegt, so daß mittels eines Zentrierloches in der zur Messung verwendeten Kreisscheibe der echte Koordinatenwert des Flächenschwerpunktes auf dem Millimeterpapier abzulesen war. Wird der echte Koordinatenwert mit x und y und der mittels Sensor gemessene Koordinatenwert mit $\tilde{x}$ und $\tilde{y}$ bezeichnet, ist die als Geometriefehler G bezeichnete Größe wie folgt definiert:

$$G = \frac{\left((x-\tilde{x})^2 + (y-\tilde{y})^2\right)^{1/2}}{\text{Bildfeldhöhe in Ra-stereinheiten}} \cdot 100 = \frac{\left((x-\tilde{x})^2 + (y-\tilde{y})^2\right)^{1/2}}{M} \cdot 100.$$

Die maximal gemessenen Abweichungen, bezogen auf den Bildmittelpunkt, lagen unter einem Prozent, womit die in Abschnitt 2.4 genannte Genauigkeitsforderung an die Positionsmessung erfüllt ist.

Zur Messung der Abweichung bezüglich des Objektes wurde der Flächenschwerpunkt mit dem Sensor gemessen und markiert. Bei anschließenden Messungen waren die Abweichungen von dieser Marke maximal eine Bildrastereinheit in x- und y-Richtung.

4.2.1.3 Winkelfolge

Die aus den Schnittpunkten der Abtastkreise mit der Objektkontur (Abschnitt 3.3.3) gebildeten Winkelfolgen $\alpha_{j,t}$ werden zur Klassifizierung und zur Drehlagenmessung herangezogen. Bei der Klassifizierung werden die in der Meßphase ermittelten Winkel $\alpha'_{j,t}$ mit den in der Lernphase abgespeicherten Winkeln $\alpha_{j,t,k}$ verglichen. Bei der Drehlagenmessung wird der Mittelwert aus den Winkeln errechnet, den die durch die Schnittpunkte gezogenen Radiusvektoren mit der x-Achse bilden. Entsprechend der unterschiedlichen Auswertung der Schnittpunkte bei Klassifizierung und Drehlagenmessung ist der Einfluß der Winkelfehler getrennt zu betrachten.

Bei dieser Abschätzung bleiben Fehler, verursacht durch Aspektänderungen, unberücksichtigt. Diese sind wegen der möglichen Formvielfalt der zu klassifizierenden Objekte und der daraus resultierenden unterschiedlichen Einflüsse beim Einlernvorgang für jedes zu klassifizierende Muster individuell zu untersuchen. Die Abschätzung soll zeigen, welche Winkelfehler schon bei formstabilen Objekten wegen des Digitalisierungsfehlers bei der Bestimmung des Flächenschwerpunktes sowie bei der Messung der Schnittpunkte zu erwarten sind und was bei der Wahl der Abtastkreise zu beachten ist.

Wegen der Abweichung des Schwerpunktes bezüglich des Objektes wird der Abtastkreis unterschiedlich über das Objekt gelegt. Mit der im vorherigen Abschnitt gemessenen maximalen Abweichung von einer Bildrastereinheit in x- und y-Richtung ist die maximale Verschiebung bei der auf eins normierten Rastergröße gleich der $\sqrt{2}$.

Bild 29 zeigt den auf diesen Effekt zurückzuführenden Winkelfehler $\Delta\phi$. Die Körperkante hat bei einer ersten Abtastung, z.B. beim Lernvorgang, den Abstand d (in Rastereinheiten) vom Flächenschwerpunkt. Bei einer zweiten Abtastung, z.B. beim Meßvorgang, ist der

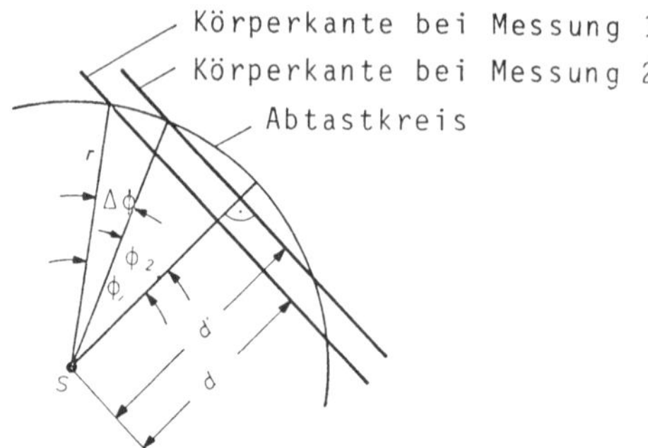

Bild 29:

Winkelfehler $\Delta\phi$ bei unterschiedlicher Lage des Abtastkreises

Abstand d'. Der Winkel ϕ_1 zwischen dem vom Flächenschwerpunkt S auf die Körperkante gefällten Lot und dem durch den Schnittpunkt gezogenen Kreisradius r (in Rastereinheiten) errechnet sich zu:

$$\phi_1 = \text{arc cos } \frac{d}{r}.$$

Entsprechend gilt für den Winkel ϕ_2:

$$\phi_2 = \text{arc cos } \frac{d'}{r}.$$

Bild 30 zeigt den Winkelfehler $\Delta\phi = \phi_1 - \phi_2$ abhängig von $\frac{d}{r}$ mit r als Parameter.

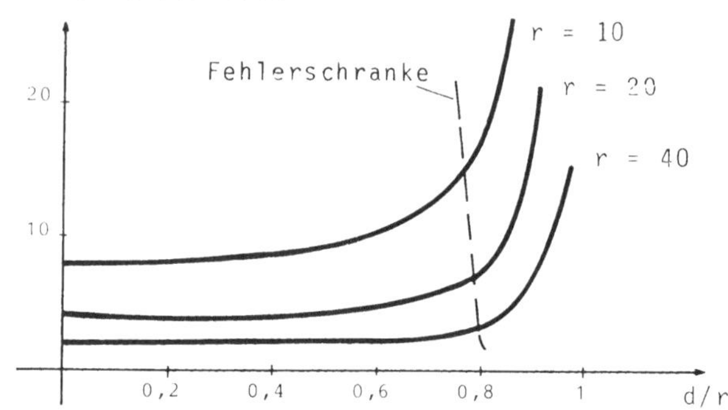

Bild 30:

Winkelfehler $\Delta\phi_S$, verursacht durch unterschiedliche Lage des Abtastkreises. Die Fehlerschranke gibt an, ab welchem Verhältnis d/r das Winkelmerkmal eine Klassifizierung verhindern kann.
d = Abstand Flächenschwerpunkt-Gerade
r = Radius eines Abtastkreises

Der Fehler $\Delta\phi$ wird groß, wenn kleine Abtastkreisradien gewählt werden und wenn der Unterschied zwischen Abstand d und Abtastkreisradius r klein ist. Bei der Wahl der Abtastkreise ist dies zu berücksichtigen. Trotz der Optimierung der Abtastkreise nach diesen Kriterien bleibt ein großer Winkelfehler $\Delta\phi$. Das bedeutet, daß für die Erkennung die Toleranzen beim Winkelfolgenvergleich groß gewählt werden müssen. Aus Bild 30 ist zu entnehmen, daß für Verhältnisse $\frac{d}{r} < 0,8$ der Fehler annähernd proportional $\frac{1}{r}$ ist. Die gestrichelte Linie zeigt an, in welchem Bereich bei einer gewählten Fehlerschranke $\Delta\phi_{max} = \frac{150}{r}$ ein Merkmal in jedem Falle in den zugehörigen Klassenbereich fällt. Da der Winkelfehler $\Delta\phi$ an beiden Schenkeln eines Winkels α auftreten kann, ist für den Winkelvergleich die Fehlerschranke zu verdoppeln. Die auf die Schwerpunktsverschiebung zurückzuführende maximale Differenz $\Delta\alpha_S$ zwischen dem Winkel beim Einlernen und beim Messen ist danach bei Beachtung des Verhältnisses d/r:

$$\Delta\alpha_S = \frac{300}{r} \text{ Winkelgrade} \cdot$$

Bei der Errechnung des Verdrehungswinkels zeigt es sich als Vorteil, daß der Kreis oft unter diesem Winkel in das Objekt eintritt, unter dem er es verlassen hat (siehe Bild 31a), und sich dadurch die Fehler ausmitteln. Im Interesse eines kleinen Fehlers bei der Errechnung des Verdrehungswinkels sind daher Abtastkreisradien zu meiden, die zu Schnitten gemäß Bild 31b führen.

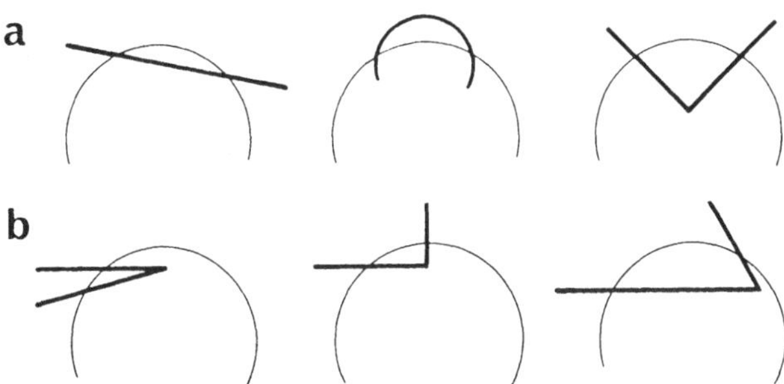

<u>Bild 31:</u>
Konturverläufe, die zu kleinen (a) und zu großen (b) Winkelfehlern bei der Drehlagenmessung führen.

Bei dem in Abschnitt 3.3.3 beschriebenen Verfahren zur Detektion des Schnittpunktes von Kreis und Werkstückkontur ist die Unsicherheit maximal eine Rastereinheit. Abgesehen von den nicht anwendbaren sehr kleinen Kreisen ist die Länge des von einer Rastereinheit überdeckten Bogens annähernd gleich der Rastereinheit selbst. Umgerechnet auf die Bogenlänge des Einheitskreises und mit berücksichtigt, daß dieser Fehler an beiden Schenkeln eines Winkels α auftritt, gilt für den Winkelfehler $\Delta\alpha_D$ in Winkelgraden:

$$\Delta\alpha_D = \frac{2 \cdot 180}{r \cdot \pi},$$

was z.B. bei einem mittleren Abtastkreisradius von 20 Rastereinheiten einen Wert von ca. 6 Winkelgraden ergibt.

Auch dieser Fehler wird durch die Verwendung großer Abtastkreise klein gehalten. Die Genauigkeit bei der Messung des Verdrehungswinkels läßt sich des weiteren dadurch verbessern, daß durch eine geeignete Wahl der Abtastkreise eine große Anzahl von Schnittpunkten erzeugt wird, und dadurch die Möglichkeit besteht, über viele Meßwerte zu mitteln.

Nachstehend sind die bei der Winkelmessung auftretenden Fehler zusammenfassend dargestellt. Die Fehler können in beiden Richtungen auftreten, da über die Lage des eingelernten Merkmalwertes innerhalb des Fehlerintervalles keine Aussage gemacht werden kann.

Bezeichnung	Symbol	Fehlergröße Grad	Zusatzbedingung
Fehler durch Verschiebung des Flächenschwerpunktes	$\Delta\alpha_S$	$\pm \dfrac{300}{r}$	$\dfrac{d}{r} < 0{,}8$
Digitalisierungsfehler bei der Schnittpunktdetektion	$\Delta\alpha_D$	$\pm \dfrac{360}{r \cdot \pi}$	$r > 10$

Nicht berücksichtigt ist der Fehler durch Aspektänderungen. Hier ist beim Einlernen zu prüfen, ob das Winkelmerkmal innerhalb der Grenzen des Konfidenzintervalles bleibt.

4.2.2 Klassifikationsalgorithmen

Nach der Bildabtastung sind von einer Objektform als Merkmale die
Fläche F, die Winkelfolgen $\alpha_{j,t}$ und das Übergangsbit $b\,(\alpha_{1,t})$
(siehe Abschnitt 3.3.3.3) bekannt.
Mit den im vorherigen Abschnitt durchgeführten Überlegungen und Untersuchungen lassen sich Konfidenzintervalle angeben, die zusammen mit den in einem Einlernvorgang gemessenen Merkmalsvektoren
die Klassenbereiche im Merkmalsraum festlegen. Eine sensorspezifi-
sche statistische Abhängigkeit der Merkmale untereinander konnte
nicht festgestellt werden. Die Intervallbreiten werden bei dem
Merkmal Fläche F proportional dem Flächenwert F und bei den Winkeln $\alpha_{j,t}$ umgekehrt proportional dem jeweiligen Abtastkreisradius r_t gewählt.

Bei diesen Gegebenheiten läßt sich nach Abschnitt 4.1.3 eine Klassifikation in Form einer sequentiellen Suche mit verhältnismäßig
geringem Aufwand durchführen. Die bei der Suche gewählte Vorgehensweise ist in Bild 32 anhand eines Beispiels dargestellt. In einer
ersten Stufe wird zunächst die Fläche gemessen und geprüft. Aufgrund des Prüfungsergebnisses wird das Objekt mit einem oder mehreren Kreissätzen abgetastet, wobei jeder Kreissatz aus maximal 4
Kreisen unterschiedlicher Radien besteht. Beim Einlernen wird
hierzu jeder Objektklasse k ein Radiensatz R_q zugeordnet, wobei
mehrere Objektklassen den gleichen Radiensatz R_q haben können.
Wird beim Messen aufgrund des Merkmals F eine Entscheidung auf mehrere Klassen gefällt, die mit unterschiedlichen Radiensätzen eingelernt wurden, wird das Objekt mit allen diesen Radiensätzen in
mehreren Meßzyklen ausgemessen. Nach dieser Messung sind die Koordinaten der Kreis-Objektkonturschnittpunkte bekannt. Die Zahl der
gemessenen Schnittpunkte P_t' wird mit der Zahl der zur Klasse k gehörigen Schnittpunkte $P_{t,k}$ verglichen, wobei der Vergleich für jeden Kreisradius r_t getrennt durchgeführt wird. Klassen, die mit einem Kreisradiensatz q eingelernt wurden, werden dabei auch nur mit
den vom Kreisradiensatz q erzeugten Merkmalen verglichen. Die theo-
retische Begründung für diese Vorgehensweise ist in Abschnitt
4.3.5 gegeben.

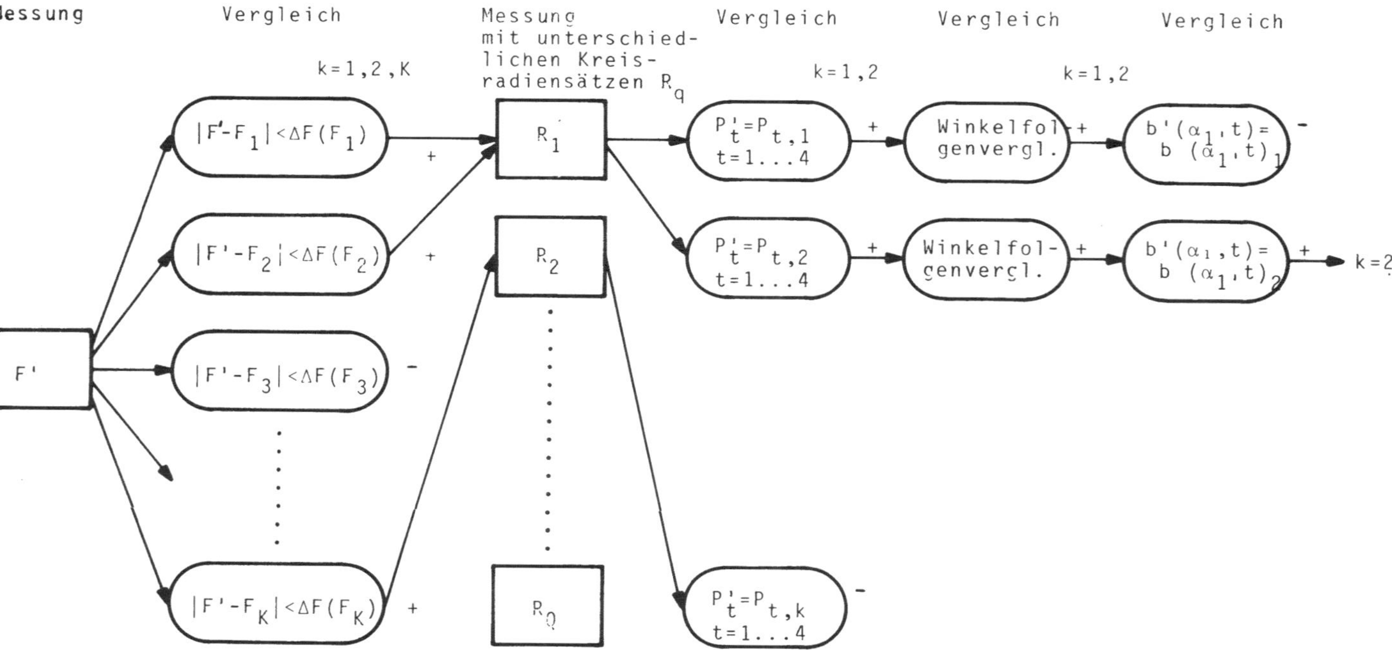

Bild 32: Beispiel zur sequentiellen Klassifikation im Sensor.

Die Prüfung der Schnittpunktezahl führt im allgemeinen zu einer wesentlichen Aufwandsreduktion, weil der aufwendigere Winkelfolgevergleich danach oft nur auf wenige Klassen anzuwenden ist und der Winkelfolgevergleich bei ungleicher Winkelzahl von gemessenen und gelernten Merkmalsvektoren zu zeitaufwendigen Rechenoperationen führt. Nach dem Winkelfolgenvergleich, der im nächsten Abschnitt behandelt wird, ist zumeist die Entscheidung auf eine Klasse möglich. Ist dies nicht der Fall, kann die Abfrage des Übergangsbits $b(\alpha_{1,t})$ zu einer Entscheidung führen, ansonsten wird das Muster als nicht erkannt zurückgewiesen. Rückweisungen ergeben sich auch, wenn in einer der Entscheidungsstufen das Objekt keiner Klasse zugeordnet werden kann.

Die Anteile der Rückweisungen und der Fehlklassifikation bei der Erkennung sind unter anderem abhängig von der Wahl der Konfidenzintervallbreiten. Um die Zusammenhänge aufzuzeigen, sind in Bild 33 Klassenbereiche eingezeichnet. Liegen die Merkmalsvektoren im schraffierten Bereich, kann auf die einzelnen Klassen entschieden werden. Ansonsten gilt das Muster als nicht erkannt und wird zu-

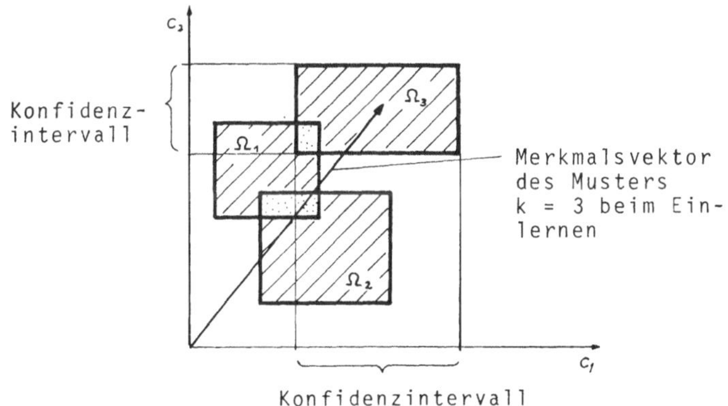

<u>Bild 33:</u>

Klassenbereiche in einem 2-dimensionalen Merkmalsraum, gebildet aus den beim Einlernvorgang gemessenen Merkmalskomponenten und den abgeschätzten Konfidenzintervallen. Klassifiziert wird, falls ein Merkmalsvektor in den schraffierten Bereich fällt. Im gepunkteten Bereich und außerhalb der Klassenbereiche wird zurückgewiesen.

rückgewiesen. Fehlklassifikationen ergeben sich, wenn Merkmalsvektoren eines Musters außerhalb des zugehörigen Klassenbereiches liegen und in einen anderen Klassenbereich eindringen. Um die Zahl der Fehlklassifikationen klein zu halten, werden große Konfidenzintervallbreiten gewählt, so daß die Wahrscheinlichkeit, daß der Merkmalsvektor eines Musters außerhalb des Klassenbereichs liegt, sehr klein wird. Durch diese Wahl der Konfidenzintervallbreiten werden die in Bild 33 gepunktet eingetragenen Überlappungsbereiche erhöht, was eine erhöhte Zahl von Rückweisungen zur Folge hat. Große Rückweisungsraten werden in Kauf genommen, da eine Fehlklassifikation bei der Werkstückerkennung im allgemeinen zu großen Folgeschäden führt.

Diese im vorherigen Abschnitt beschriebene Vorgehensweise zur Vermeidung von Fehlklassifikationen setzt voraus, daß alle auftretenden Merkmalsvektoren innerhalb der schraffierten Klassenbereiche liegen. Ist aufgrund von nicht abschätzbaren Störungen (Verschmutzungen, Reflexionen usw.) ein Austreten der Merkmalsvektoren aus den Klassenbereichen nicht zu vermeiden, kann die großzügige Wahl der Konfidenzintervallbreite zu einer Erhöhung der Fehlklassifikationsrate führen, da durch den großen Bereich, den eine Musterklasse im Merkmalsraum einnimmt, auch die Wahrscheinlichkeit für das Einfangen der Merkmalsvektoren groß ist, die durch unabschätzbare Störungen entstanden sind. Bei derartigen Gegebenheiten wird eine Aufspaltung der Klassenbereiche in zwei Zonen vorgeschlagen. Der Klassenbereich besteht dann aus einem inneren Kern (eng schraffiert) und einer äußeren Schale (breit schraffiert). Auf eine Musterklasse wird bei diesem Modell nur dann entschieden, wenn der Merkmalsvektor in einem Kern liegt und dieser Kernbereich nicht mit der Schale oder dem Kern eines anderen Merkmalbereiches zusammenfällt (Bild 34). Die Außengrenzen der Schalen sind bei diesem Modell die mittels Abschätzung bestimmten Konfidenzintervalle. Die Kerngrenzen orientieren sich an
- der Art des Meßaufbaus und den damit verbundenen Störungen,
- den Folgeschäden bei Fehlklassifikationen und
- der tolerierbaren Rückweisungsrate.

Die Kerngrenzen werden vom Anwender angepaßt an die zu bearbeitende Aufgabe eingestellt.

Durch die Einführung der Kerngrenzen wird eine kleine Fehlklassifikationsrate auf Kosten einer erhöhten Rückweisungsrate erreicht. Fehlklassifikationsraten und Rückweisungsraten lassen sich verkleinern durch

- eine Erhöhung der Zahl der Merkmale und

- eine bessere Kenntnis der Lage und Größe der Klassenbereiche im Merkmalsraum, die durch Einlernen mit einem größeren zu einer Klasse gehörigen Mustersatz erreicht wird.

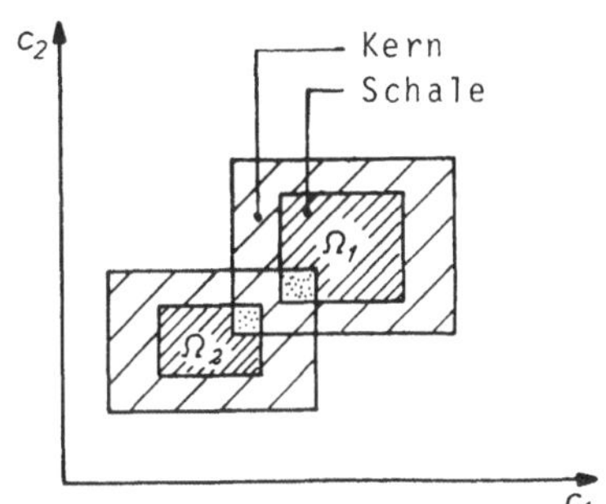

Bild 34:
Klassenbereiche in einem 2-dimensionalen Merkmalsraum, bestehend aus einem Kern und Schale. Klassifikation erfolgt lediglich im eng schraffierten Bereich.

4.3 Auswertung der Winkelfolgen

4.3.1 Zur Diskussion stehende Verfahren

Beim Vergleich der gemessenen Winkelfolgen $\alpha'_{j,t}$ mit den abgespeicherten Winkelfolgen $\alpha_{j,t,k}$ sind im wesentlichen zwei Vorgehensweisen denkbar:

- Die beiden Winkelfolgen werden als Funktionen $W'(\alpha)$ bzw. $W_k(\alpha)$ dargestellt und in diskreten Schritten $\Delta\alpha$ gegeneinander verschoben, wobei nach jeder Verschiebung auf Übereinstimmung geprüft wird.

- Die beiden Winkelfolgen werden indexweise gegeneinander verschoben und nach jeder Verschiebung wird auf Übereinstimmung geprüft.

Die erste Vergleichsart ist eine diskrete eindimensionale Kreuzkorrelation. Übereinstimmung ist gegeben, wenn die Kreuzkorrelationsfunktion

$$K_{W'W_k}(\xi) = \sum_{l=1}^{\frac{360}{\Delta\alpha}} W'(l\cdot\Delta\alpha-\xi) \oplus W_k(l\cdot\Delta\alpha) \cdot \Delta\alpha$$

$$\text{mit} \quad W' \oplus W_k = \begin{cases} 1, & \text{falls } W' = W_k \\ 0, & \text{falls } W' \neq W_k \end{cases}$$

(4.3-1)

ein Maximum erreicht und dieses Maximum eine gewisse Schwelle überschreitet.

Bei der zweiten Vergleichsart werden die einzelnen Winkel $\alpha_{j,t}$ als Komponenten eines Vektors $\overrightarrow{c}_{\alpha,t}$ aufgefaßt. Unter der Voraussetzung, daß die Zahl P_t der Winkelabschnitte und damit die Zahl der Vektorkomponenten gleich ist, kann der Abstand d zwischen den aus den Winkelfolgen gebildeten Vektoren errechnet werden. Unterschreitet der Abstand eine gewisse Größe, wird das Objekt einer Klasse zugeordnet. Bei dem Vergleich zweier Winkelfolgen sind, da die Zuordnung der Vektorkomponenten nicht bekannt ist, P_t Abstände des Vektors $\overrightarrow{c}_{\alpha,t,k}$ zu den Vektoren $\overrightarrow{c'}_{s,t}$ zu berechnen. Die Vektoren $\overrightarrow{c'}_{s,t}$ werden aus der Winkelfolge $\alpha'_{j,t}$ durch Permutation bezüglich des Indexes j gebildet:

$$c'_{0,t} = (\alpha'_1, \alpha'_2 \ldots \alpha'_{P_t-1}, \alpha'_{P_t})$$

$$c'_{1,t} = (\alpha'_2, \alpha'_1 \ldots \alpha'_{P_t}, \alpha'_1)$$

$$\vdots$$

(4.3-2)

$$c'_{s,t} = (\alpha'_{s+1}, \alpha'_{s+2} \ldots \alpha'_{P_t}, \alpha'_1 \ldots \alpha'_s)$$

$$\vdots$$

$$c'_{P_t-1,t} = (\alpha'_{P_t}, \alpha'_1 \ldots \alpha'_{P_t-1})$$

Mit einem Abstandsmaß $d(\overrightarrow{c}_{\alpha,t,k}, \overrightarrow{c}_{s,t})$ wird der Vektor $\overrightarrow{c}_{s,t}$ gesucht, der dem Vektor $\overrightarrow{c}_{\alpha,t,k}$ am nächsten liegt. Eine passende Winkelfolge und Verschiebungsindex s_t^* ist gefunden, wenn gilt:

$$s_t^* = \min_{s_t} \left\{ d(\overrightarrow{c}_{\alpha,t,k}, \overrightarrow{c}_{s,t}) \ / \ s = 1 \ldots P_t \right\}$$

(4.3-3)

und das Minimum unter der durch die Abschätzung in 4.2.1.3 vorgegebenen Schwelle L_α liegt.

4.3.2 Vergleich der Verfahren

Beim ersten Verfahren zeigt es sich als Vorteil, daß ein Vergleich
von Winkelfolgen auch dann durchgeführt werden kann, wenn die Zahl
P der Winkelabschnitte bei den beiden zu vergleichenden Winkelfolgen unterschiedlich ist. Damit können Objekte klassifiziert werden, bei denen durch Bildstörung oder durch eine Verschiebung des
Flächenschwerpunktes gegenüber dem Objekt (s. Abschnitt 4.2.1.2)
Winkelabschnitte dazukommen oder wegfallen.

Vorteilhaft bei dem 2. Verfahren ist der geringe Aufwand, weil die
Berechnung der Vektorabstände im Mikroprozessor nur wenig Zeit erfordert. Demgegenüber ist zur Berechnung der Korrelationsfunktion
$K_{W,W_K}(\xi)$ wegen der großen Zahl der notwendigen Rechenoperationen
($=(360/\Delta\alpha)^2$) ein Spezialrechner einzusetzen.

Zusätzlich erweist sich der Vorteil des ersten Verfahrens, daß
kleine Winkelabschnitte einen geringen Einfluß auf das Vergleichs-
ergebnis haben, als Nachteil, wenn kleine Winkelabschnitte das ein-
zige Unterscheidungsmerkmal bilden. Im folgenden wird dies anhand
eines Beispiels verdeutlicht. Bild 35 zeigt das Konturbild eines
Werkstückes. Eine Bohrung im Werkstück ist ein Merkmal, wodurch
die Orientierung des Werkstückes eindeutig festgelegt ist. Der
über das Werkstück gelegte Abtastkreis führt zu der Winkelfunktion
$W(\alpha)$, die in Bild 36 dargestellt ist. Die Winkelfunktion $W_k(\alpha)$
wird korreliert mit der in der Meßphase gewonnenen Winkelfolge
$W'(\alpha)$, die um den Winkel ξ^* gegenüber $W_k(\alpha)$ verschoben

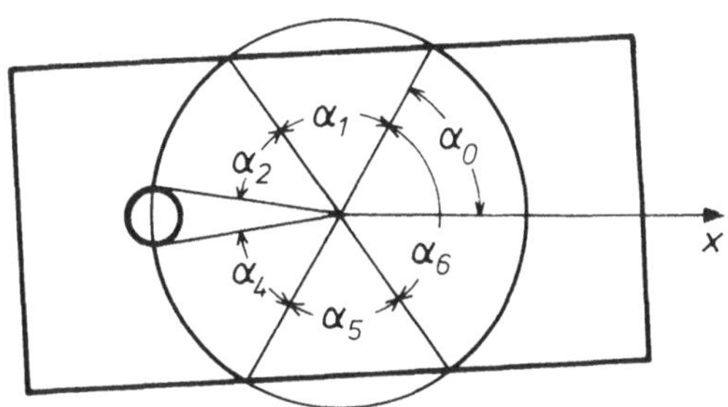

Bild 35:
Werkstück mit Abtastkreis

ist. Dabei wird angenommen, daß beide Winkelfunktionen nicht gestört sind. Aus der Aufzeichnung der Korrelationsfunktion in Bild 37 ist zu ersehen, daß die beiden Maxima bezüglich ihrer Höhe nur einen kleinen Unterschied aufweisen. Geringfügige Störungen der Winkelfunktionen (Bild 38) können in diesem Falle zu einem Fehler bei der Bestimmung des Verdrehungswinkels führen (Bild 39).

Zum Vergleich werden die Abstände der Vektoren $\overrightarrow{c}_{\alpha,k}$ und $\overrightarrow{c_s'}$ mittels des in Gleichung (4.1-1b) angegebenen Abstandsmaßes berechnet. Die Komponenten des eingelernten und des gemessenen Vektors sind im ungestörten Fall (Bild 37) z.B.:

$$\overrightarrow{c}_{\alpha,k} = (66, 49, 16, 49, 66, 114) \text{ und}$$

$$\overrightarrow{c_0'} = (66, 114, 66, 49, 16, 49).$$

Die Vektorabstände des Vektors $\overrightarrow{c}_{\alpha,k}$ zu den Vektoren $\overrightarrow{c_s'}$ (siehe Gleichung (4.3.-2)) sind für:

$s = 0$	230	
$s = 1$	196	
$s = 2$	0	
$s = 3$	196	nach Gleichung (4.3-3) $\longrightarrow$ s = 2
$s = 4$	230	
$s = 5$	264	

Im gestörten Falle (Bild 38) sind die Vektorkomponenten

$$\overrightarrow{c}_{\alpha,k} = (68{,}5; 47; 10; 47; 68{,}5; 119),$$

$$\overrightarrow{c_0'} = (63{,}5; 57; 10; 57; 63{,}5; 109)$$

und die Vektorabstände für

$s = 0$	040	
$s = 1$	208	
$s = 2$	251	
$s = 3$	264	nach Gleichung (4.3-3) $\longrightarrow$ s = 0
$s = 4$	251	
$s = 5$	228	

Mit dem in Abschnitt 4.2.1.3 angegebenen maximalen Winkelfehlern wird die Schwelle L_α errechnet, unter der der Vektorabstand für

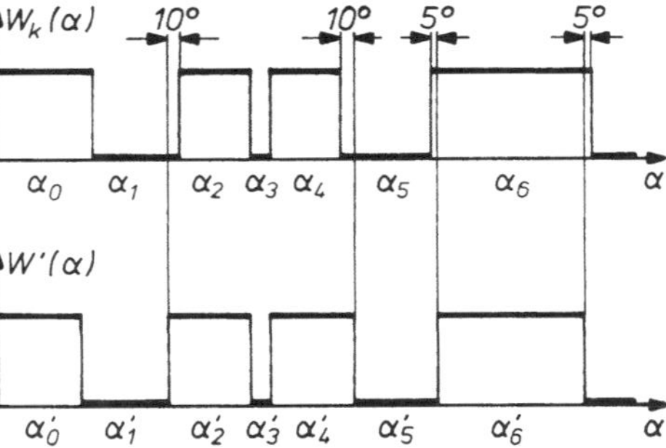

Bild 36:

Eingelernte Winkelfunktion $W_k(\alpha)$ und eine dazu verschobene gemessene Winkelfunktion $W'(\alpha)$

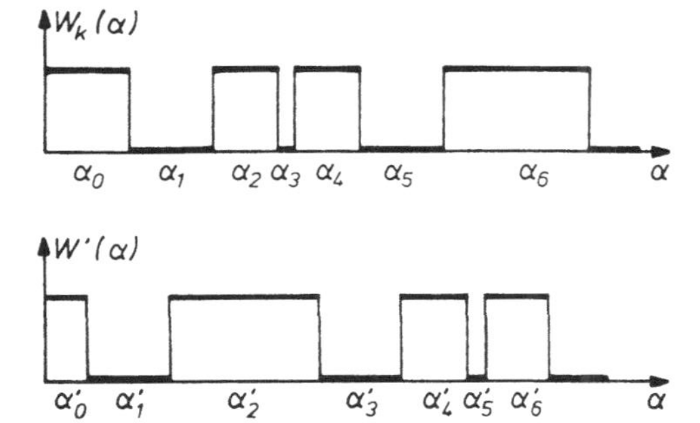

Bild 37:

Korrelationsfunktion der Winkelfunktionen $W_k(\alpha)$ und $W'(\alpha)$ aus Bild 36 und der Verschiebewinkel ξ^* beim größten Maximum.

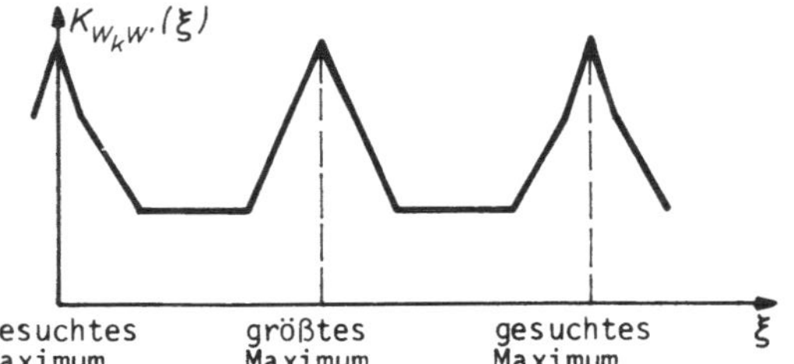

Bild 38:

Eingelernte Winkelfunktion $W_k(\alpha)$ und gemessene Winkelfunktion $W'(\alpha)$. Beide Funktionen sind durch Meßfehler gestört.

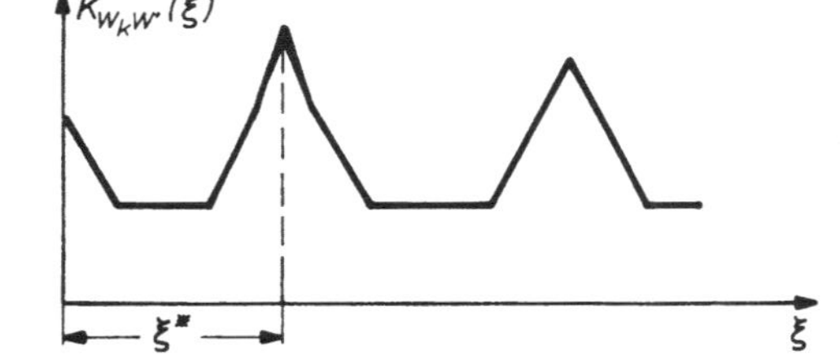

Bild 39:

Korrelationsfunktion der Winkelfunktionen $W_k(\alpha)$ und $W'(\alpha)$ aus Bild 38 und der daraus resultierende Entscheidungsfehler bei einer Entscheidung auf das größte Maximum.

eine Klassifikation liegen muß. Wird als Abtastkreisradius ein mittlerer Wert von 30 Rastereinheiten angenommen, wird der Fehler pro Winkel zu:

$$\Delta\alpha = \frac{300}{r} + \frac{360}{r \cdot \pi} = 10° + 3,8° = 13,8°.$$

Bei den 6 Winkeln der Winkelfolge erhält man damit für die Schwelle L_α einen Wert von ca. 83°, womit die Winkelfolge auch bei Störungen gemäß Bild 38 eindeutig zu klassifizieren ist.

Für den Winkelfolgenvergleich im Bildsensor wurde das zweite Verfahren gewählt und der Nachteil in Kauf genommen, daß ein Winkelfolgenvergleich nur bei gleicher Winkelanzahl möglich ist. Diese Entscheidung hat eine Rückwirkung auf die Gestaltung der Szene, da durch geeignete Wahl der Beleuchtung (z.B. Durchlicht), Bildstörungen auf ein Mindestmaß einzuschränken sind. Um diesen Nachteil zu vermeiden, ist bei der Weiterentwicklung des Gerätes (siehe Abschnitt 8) eine Kombination der beiden Verfahren geplant.

4.3.3 Klassifizierung

Ist die Abstandsberechnung nach Gleichung (4.3-3) für jede Winkelfolge durchgeführt, werden die Klassen k ausgesucht, bei denen für jeden Kreisradius r_t ein oder bei zulässiger Symmetrie mehrere Minimas bezüglich s existieren. Verbleiben mehrere Klassen, wird das Übergangsbit $b(\alpha_{1,t})$ geprüft. Ist danach eine Entscheidung auf eine Klasse k nicht möglich, werden nach einer Berechnung der Verdrehungswinkel δ_t, t = 1... T diese bei den verbleibenden Klassen untereinander verglichen. Liegen die Verdrehungswinkel nur bei einer Klasse innerhalb eines Prüfintervalles, wird auf diese Klasse entschieden, ansonsten erfolgt eine Rückweisung. Durch diese letzte Prüfung werden Mehrdeutigkeiten aufgehoben, die bei gespiegelten Objekten (z.B. die beiden Ansichten von Flachteilen) in manchen Fällen entstehen (Bild 40).

4.3.4 Verdrehungswinkel

Zur Berechnung der Verdrehungswinkel wird die Winkelfolge als eine Folge von Polarwinkeln angegeben. Beim Einlernvorgang werden die

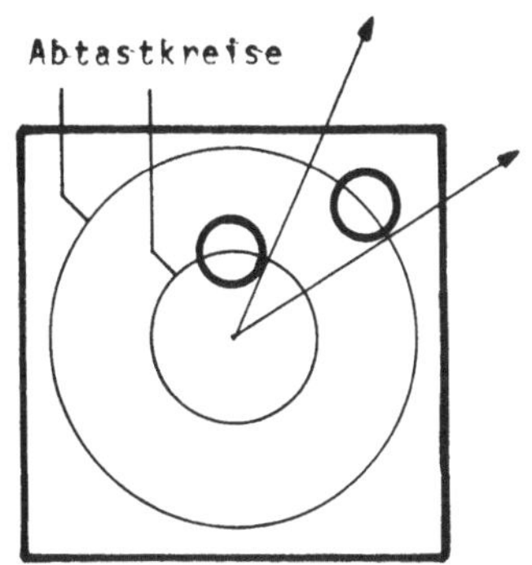

eingelerntes Muster
mit abgespeicherten Rich-
tungsvektoren

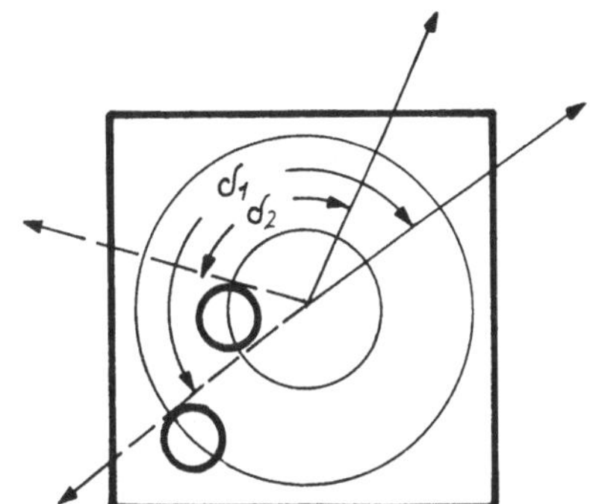

Vergleich des linksseitig
eingelernten Musters mit einem
dazu gespiegelten und verdrehten
Muster. Gleiche Winkelfolgen,
aber $\delta_1 \neq \delta_2$.

Bild 40:

Unterscheidung zweier Objekte durch Auswertung der Verdrehungswinkel δ_t.

Folgen $\phi_{j,t,k}$ abgespeichert. Beim Meßvorgang wird die Folge $\phi_{j,t}$
gemessen.

Mit dem in 4.3.1 durchgeführten Winkelfolgenvergleich sind die Verschiebungsindices s_t^* bekannt. Mittels der Verschiebungsindices
werden die Komponenten der Winkelfolgen $\phi_{j,t,k*}$ und $\phi'_{j*,t}$ einander zugeordnet, und zwar gilt:

$$\phi_{j,t,k*} \; \hat{=} \; \phi_{j*,t} \qquad \text{mit} \qquad j* = \begin{cases} j+s_t^*, & \text{wenn } j+s_t^* \leq P_t \\ j+s_t^* -P_t, & \text{wenn } j+s_t^* > P_t \end{cases}$$

Der Differenzwinkel zwischen diesen beiden Winkeln ist der Verdrehungswinkel δ_t. Zur Erhöhung der Meßgenauigkeit wird über die Differenzwinkel aller Winkelschenkel gemittelt. Der Verdrehungswinkel δ errechnet sich damit zu

$$\delta = \frac{\displaystyle\sum_{t=1}^{T} \sum_{j=1}^{P_t} (\phi'_{j*,t} - \phi_{j,t,k*}) + 2\pi \cdot q}{\displaystyle\sum_{t=1}^{T} P_t} \quad , \tag{4.3-4}$$

$$\text{wobei } q = \begin{cases} 0 & \text{für } \phi'_{j*,t} \geq \phi_{j,t,k*} \\ 1 & \text{ansonsten.} \end{cases}$$

Sind nach dem Vektorenvergleich (Gleichung (4.3-3)) und der Klassifizierung mehrere Verschiebungsindices s* einer Winkelfolge zugeordnet, so ist zu prüfen, ob bei einer weiteren zum Kreisradiensatz $r_1 \ldots r_T$ gehörenden Winkelfolge bezüglich s* eine Eindeutigkeit besteht. Ist dies der Fall, wird dann ausgehend von dieser Winkelfolge der Verdrehungswinkel δ errechnet. Bei keiner Eindeutigkeit liegt eine Punktsymmetrie vor. Ist Punktsymmetrie erlaubt, was beim Einlernvorgang klassenspezifisch festgelegt wird, wird der Verdrehungswinkel mit einem der Verschiebungsindices s* errechnet. Ansonsten erfolgt Rückweisung.

4.3.5 Klassenabhängige Auswertung der Winkelfolge

Die Größe der Abtastkreisradien ist in vielen Fällen durch eine Musterklasse auf wenige Werte eingeschränkt. Werden die gleichen Abtastkreisradien auf eine zweite Musterklasse angewendet, wird das Verhältnis d/r oft größer als 0,8 (siehe Abschnitt 4.2.1.3), d.h. beim Vergleich kommt es leicht zu Rückweisungen und in selteneren Fällen zu Fehlklassifikationen. Bei einer derartigen Gegebenheit besteht bei dem Bildsensor die Möglichkeit, das Konfidenzintervall eines Winkelfolgenmerkmals klassenabhängig auf unendlich anwachsen zu lassen, d.h. bezüglich dieses Merkmals werden zwei Klassen dann getrennt, wenn die Merkmalsvektoren innerhalb der schraffierten Bereiche in Bild 41 liegen. Dadurch wird in den Bereichen des Merkmalsraumes, in denen ohne diese Maßnahme zurückgewiesen und fehlklassifiziert wurde, auf die Klasse entschieden bzw. zurückgewiesen.

Zur Realisierung dieser klassenabhängigen Auswertung wird ein eingelernter Merkmalsvektor bei der Klassifizierung nur bezüglich der eingelernten Vektorkomponenten geprüft. Klassenabhängige Auswahl des Merkmalsatzes erfolgt beim Bildsensor während des Einlernens durch die klassenabhängige Wahl der Kreisradiensätze (Abschnitt 4.2.2) und durch die Möglichkeit, klassenabhängig von einem Kreisradiensatz weniger als vier Kreise auszunutzen. Der Anwender wird zunächst versuchen, ohne die erstgenannte klassenabhängige Wahl der Kreisradiensätze auszukommen, da jeder abzutastende Kreisradiensatz einen neuen Meßzyklus auslöst.

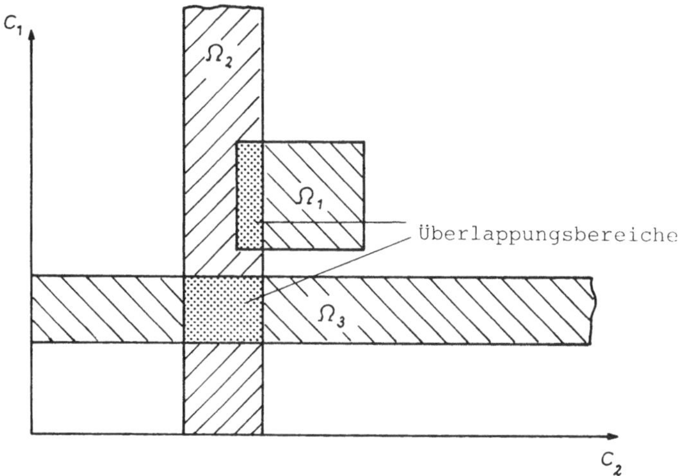

Bild 41:

Merkmalsraum bei klassenabhängiger Änderung der Konfidenzintervallbreite auf unendlich. Entscheidung auf eine Klasse erfolgt, falls der Merkmalsvektor innerhalb der schraffierten Bereiche liegt. Ansonsten Rückweisung.

5 Zusammenfassende Darstellung des Bildsensors

5.1 Aufbau (Bild 42)

Der Bildsensor setzt sich zusammen aus

- einer Ablaufsteuerung,
- einem Mikroprozessor vom Typ "Intel 8080",
- den Merkmalsprozessoren,
- den Ein-Ausgabeeinheiten und
- einem Arbeitsspeicher.

Die Ablaufsteuerung und der Mikroprozessor sind die beiden überge-
ordneten Einheiten, die gleichberechtigt in Form eines Dialogs zu-
sammenarbeiten, d.h., wenn eine der beiden Einheiten das Kommando
an die andere Einheit abgegeben hat, ist sie in Wartestellung, bis
sie wiederum von der anderen Einheit aktiviert wird. Bei diesem
Wechselspiel wird der Mikroprozessor über seinen Interruptbus und
die Ablaufsteuerung durch Anlegen von vorher vereinbarten Adres-
sen angesprochen. Der Zugriff auf Speicher und Adreßbus ist in jedem Falle nur der aktivierten Einheit gestattet. Hierfür sind Steu-
erleitungen, beim Mikroprozessor die sog. DMA (Direct-Memory-Ac-
cess)-Leitung, vorgesehen, welche die Zugriffsbausteine der nicht
aktivierten Einheit in einen hochohmigen Zustand versetzen. Der
Dialog wird über eine Starttaste der Eingabeeinheit initialisiert
und mit Hilfe des Bildwechselimpulses synchronisiert. Erfolgt ein
Startaufruf während eines Meßvorgangs, wird der neue Meßvorgang
erst nach Abschluß der vorherigen Messung begonnen.

Die Merkmalsprozessoren werden von der Ablaufsteuerung über einen
Steuerbus ein- und abgeschaltet. Der Datenverkehr läuft über den
Zentralbus, über den der Mikroprozessor die Fläche und die Zähler
der Flächenschwerpunktskoordinaten ausliest und in die Speicher
des Kreisprozessors die Flächenschwerpunktskoordinaten und die
Vergleichsintervalle $r \pm \Delta r$ (s. Abschnitt 3.3.3) einschreibt. Der
Schnittpunktprozessor hat keinen eigenen Speicher. Er schreibt
die Schnittpunktskoordinaten über den Zentralbus in den Arbeitsspeicher des Mikroprozessors.

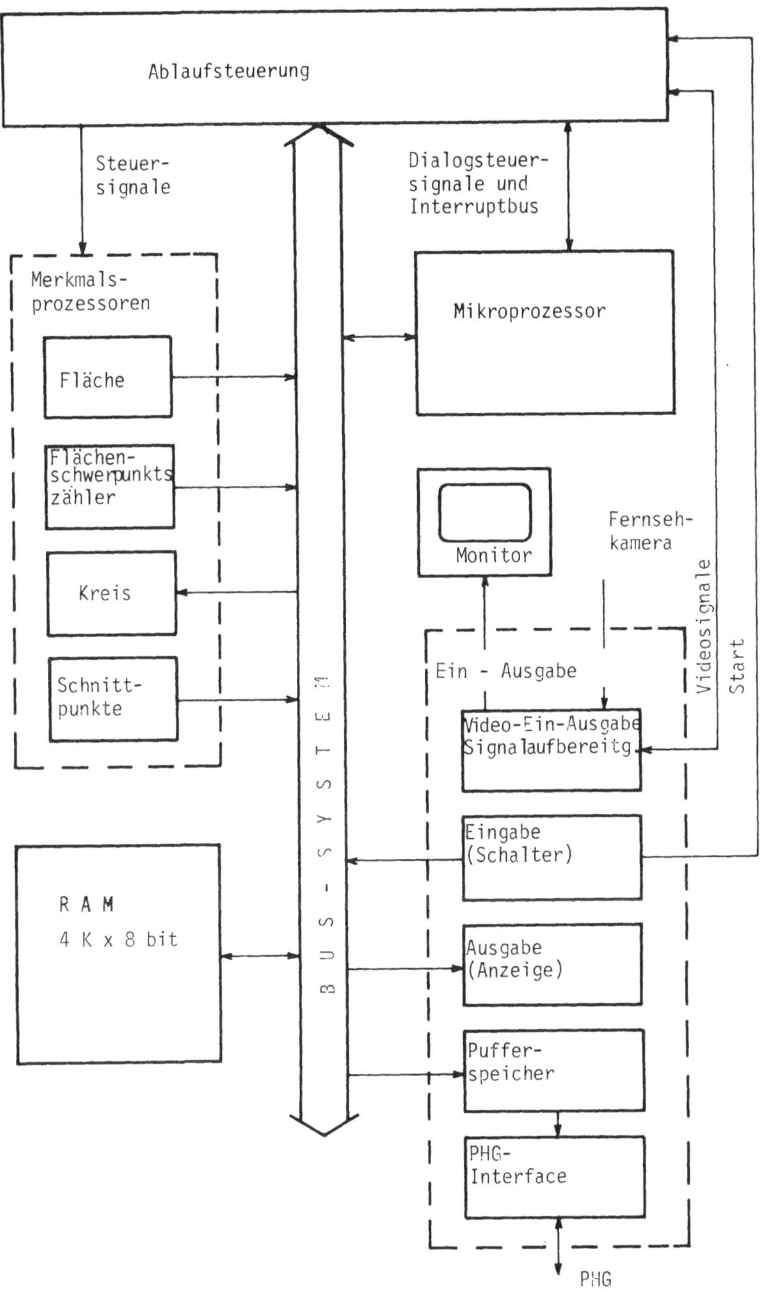

Bild 42: Gesamtaufbau des Bildsensors.

Die Funktionseinheiten des Ein-Ausgabe-Blocks haben bezüglich des Bussystems reine Speicherfunktionen, wobei diese Speicher entweder ausgelesen (Schalter, Kodierschalter) oder eingeschrieben (Anzeigeelemente, Pufferspeicher) werden.

Die Signalaufbereitung filtert aus dem BAS-Signal Zeilen- und Bildwechselimpulse und binarisiert das Bildsignal. Andererseits wird das binarisierte mit Symbolen vermischte Bildsignal wieder in ein BAS-Signal umgeformt und am Monitor zur Anzeige gebracht (siehe Abschnitt 3.1).

Über das PHG-Interface, das eine Signalpegelanpassung und eine Umkodierstufe enthält, kann das PHG auf den Pufferspeicher zugreifen. Im Pufferspeicher stehen nach Abschluß der Bildauswertung die Achspositionen, die das PHG für den Zugriff auf das vom Bildsensor ausgemessene Objekt einzunehmen hat.

5.2 Flußdiagramm (Bild 43)

Das Flußdiagramm soll den prinzipiellen Ablauf veranschaulichen. Eine zusammenfassende Darstellung der vom Modus "Messen" abweichenden Modi ist im nachfolgenden Abschnitt 5.3 gegeben. Detailinformationen und Programmbeschreibung sind aus /38/ zu entnehmen.

Die Kreisanzeige erfolgt kurzzeitig bei jedem Programmdurchlauf. In der Testphase wird einer der 4 Kreise vom Benutzer mittels eines Kodierschalters ausgewählt. Je nach Einstellung des Kodierschalters wird der Halbbildzähler zwischen 4. und 8. Halbbild angehalten und dadurch einer der Kreise dauerhaft eingeblendet.

5.3 Gerätebedienung

Für die Bedienung des Gerätes sind Schalter, Kodierschalter und Anzeigeeinheit vorgesehen (siehe Bild 44), und zwar:

- eine Starttaste,
- ein Schalter, mit dem der Lern- oder Meßvorgang gewählt wird,
- ein einstelliger BCD-Kodierschalter, der den Lernvorgang in 5 un-

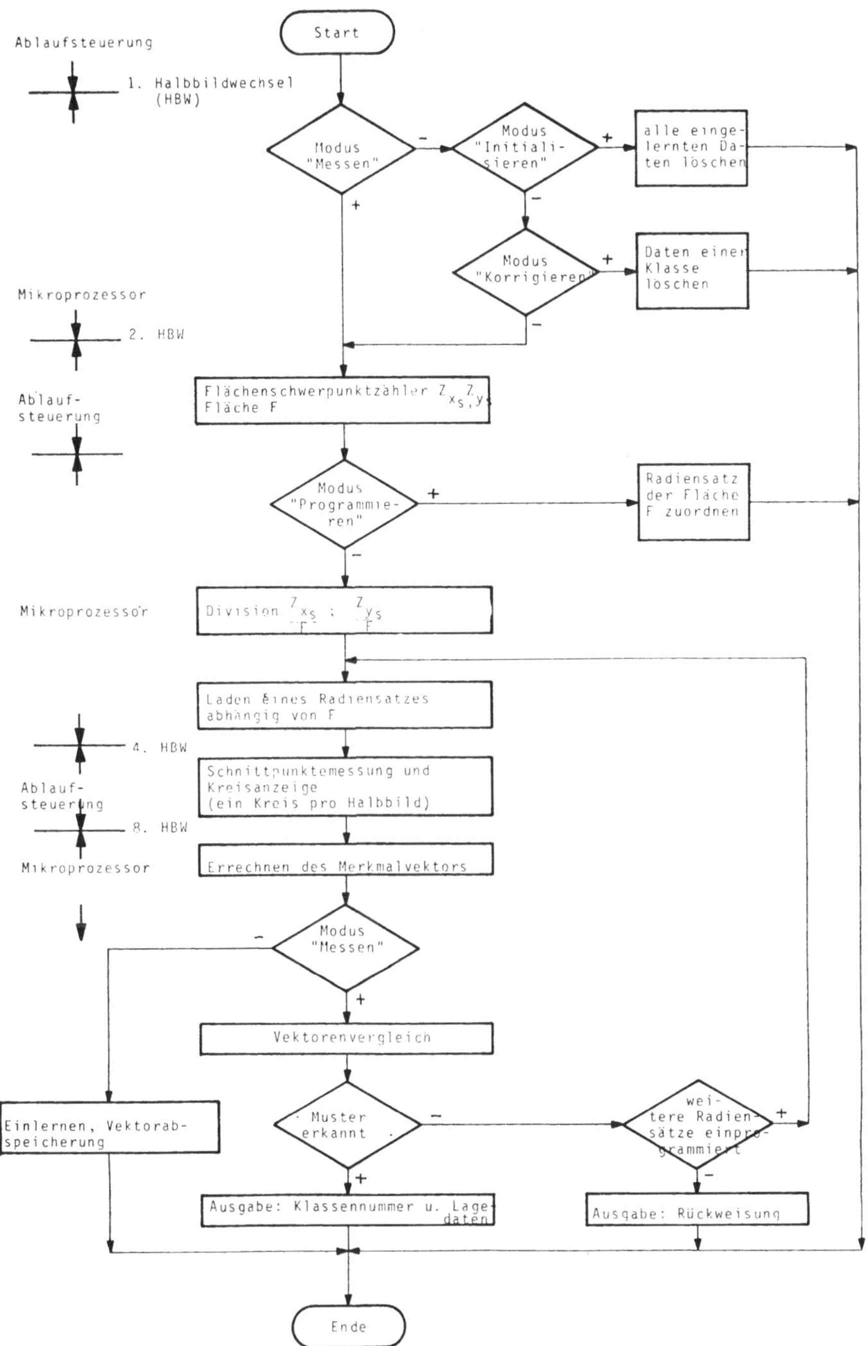

Bild 43: Flußdiagramm des Bildsensors.

terschiedliche noch zu definierende Betriebsarten aufspaltet,
- ein zweistelliger BCD-Kodierschalter, der beim Lernvorgang dem
  vorliegenden Objektbild eine Klassennummer zuordnet,
- vier zweistellige BCD-Kodierschalter zum Einstellen der Kreisradien und
- ein einstelliger BCD-Kodierschalter, mit dem in der Testphase
  Kreise ausgewählt werden, die in das Bild eingeblendet werden.

Die 5 unterschiedlichen Betriebsarten während des Einlernvorganges sind:

- Initialisieren: Alle eingelernten Daten werden gelöscht.
- Testen: Die per Kodierschalter eingestellten merkmalsbildenden
  Kreise werden in das Bild eingeblendet, so daß der Benutzer de-
  ren Radien optimal an das vorliegende Werkstück anpassen kann.
- Programmieren: Die ausgewählten Kreise werden abgespeichert.
- Datenübernahme: Die Merkmale werden ausgemessen und einer einge-
  stellten Klassennummer zugewiesen.
- Korrigieren: Die zu einer Klassennummer eingelernten Daten wer-
  den gelöscht.

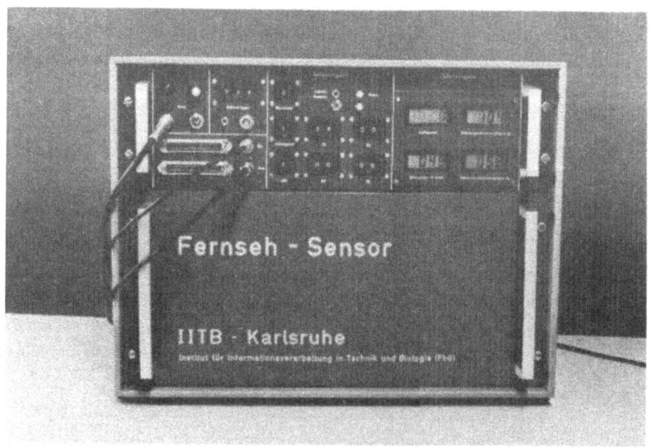

Bild 44: Bedienelemente auf der Frontplatte des Bildsensors.

Die Daten werden mittels 4 dreistelliger Datenfelder ausgegeben.
Es wird angezeigt:

- Flächenschwerpunktskoordinate x_S ,
- Flächenschwerpunktskoordinate y_S ,
- Winkelverdrehung δ in Winkelgraden und
- Klassennummer oder Fehlernummer. Die Ausgabe der Fehlernummer
  wird durch Nullen auf den anderen Datenfeldern signalisiert.

Die Ausgabe der Fehlernummer ermöglicht eine schnelle Analyse im
Falle von anwendungsbedingten oder gerätebedingten Störungen und
führt damit zu einer wesentlichen Vereinfachung bei der Bedienung
des Gerätes.

5.4 Technische Daten und Kosten

Einige der technischen Daten des Bildsensors sind abhängig von der
Form und der Zahl der zu klassifizierenden Muster. Die Angabe der
technischen Daten erfolgt daher in manchen Fällen nur überschlags-
mäßig oder sie entfällt völlig. Die technischen Daten des Bildsensors sind:

- Positionsgenauigkeit (x_S, y_S) : $< \pm$ 1 %
- Winkelauflösung: formabhängig
- Meß- und Verarbeitungszeit: ca. 0,25 s
- Programmspeicherplatzbedarf: 4 K-Byte (8 bit Wortlänge)
- Datenspeicherplatz pro Werkstück: 0,1 K-Byte
- Erkennungsrate: formabhängig

Die Materialkosten für den Sensor betragen, abgesehen von den Kosten
für einen handelsüblichen Mikroprozessor, Fernsehkamera und Monitor, ca. 3.000,-- DM.

6 Koordinatentransformation Bildsensor - Programmierbares Handhabungsgerät (PHG)

6.1 Überblick

Das vom Bildsensor ausgemessene Objekt liegt frei auf einer Ebene, auf der die optische Achse des Bildaufnahmegerätes senkrecht steht. Das Sensorkoordinatensystem (x,y,z) ist ein rechtshändiges kartesisches System. Die z-Achse steht senkrecht auf der Auflageebene, auf der auch der Koordinatenursprung liegt.

Das Koordinatensystem des PHG ist im allgemeinen gegenüber dem Sensorkoordinatensystem verschoben und verdreht. Die Art des PHG-Koordinatensystems ist abhängig vom Aufbau des PHG, so daß die Koordinatentransformation nicht in einer allgemeingültigen Form dargestellt werden kann. Für die Berechnung wird ein Zwischensystem eingeführt, das kartesisch ist und die Koordinaten x', y' und z' hat. Die Lage des gestrichelten Systems wird so gewählt, daß sein Koordinatenursprung mit dem des PHG-Systems zusammenfällt und die Richtung seiner Achsen zu günstigen nachfolgenden Transformationsgleichungen für den Übergang in das PHG-System führen.

Die Transformation vom gestrichelten Koordinatensystem in das PHG-System wird für ein Gerät errechnet, dessen Achsenanordnung in Bild 45 dargestellt ist. Drei Achsen, die Hauptachsen, entsprechen den Koordinaten eines Zylindersystems z', ρ', ϕ', wobei folgende Zuordnung gegeben ist:

1. Hauptachse = Radiusvektorrichtung ϕ'
2. Hauptachse = z'-Achse
3. Hauptachse = Radiusvektorbetrag ρ'.

Die restlichen 3 Achsen sind Handachsen, die als Rotationsachsen ausgebildet sind und aufeinander senkrecht stehen.

Bild 46 zeigt das durch Vektoren beschriebene Achsengerüst des PHG. Der Betrag und die Richtung der Vektoren ist z.T. eine Funktion der Achsenwerte A1 ... A6, z.T. aber auch durch die Gerätekonstruktion fest vorgegeben. Tab. 2 gibt den Zusammenhang wieder.

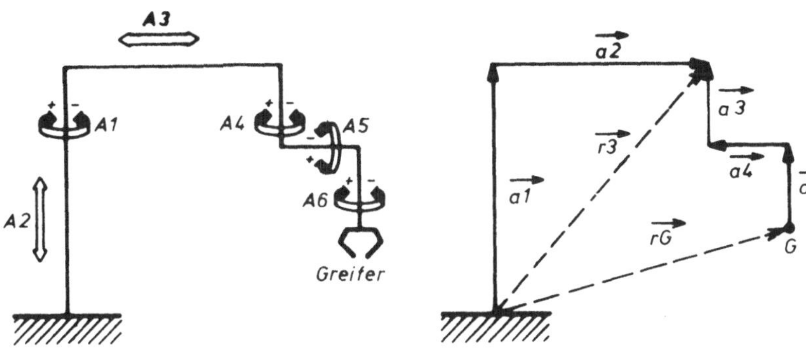

Bild 45:

Achsengerüst des PHG
(A = Achse)

Bild 46:

Achsengerüst des PHG in
Vektordarstellung

Vektorbezeichnung	Vektorbetrag	Vektorrichtung
a1	A2	konstant
a2	A3	A1
a3	konstant	konstant
a4	konstant	A1, A4
a5	konstant	A5

Tabelle 2: Zuordnung von Vektoren und PHG-Achsen.

Ausgehend von dem Vektor $\vec{a5}$, der im Sensorsystem durch die Messung festgelegt ist, werden im folgenden die restlichen Vektoren errechnet.

Hierzu wird zunächst mittels gängiger Transformationen /39/ der Vektor $\vec{a5}$ im x', y', z'-System dargestellt. Da Betrag und Richtung der Vektoren $\vec{a3}$ und $\vec{a5}$ bekannt sind, ist der Vektor $\vec{a4}$ mittels folgender Bedingungen errechenbar:

- Vektor $\vec{a3}$ steht senkrecht auf $\vec{a4}$,
- Vektor $\vec{a5}$ steht senkrecht auf $\vec{a4}$ und
- die Länge des Vektors $\vec{a4}$ ist bekannt.

In einem zweiten Schritt wird aus den Greifpunktkoordinaten x_g, y_g, z_g der Ortsvektor $\vec{rG}$ errechnet, der die Lage des Greifpunktes im x', y', z'-System beschreibt. Mit Kenntnis des Ortsvektors $\vec{rG}$ werden mittels Addition der Vektoren $\vec{rG}$, $\vec{a5}$, $\vec{a4}$, $\vec{a3}$ die Koordinaten des Punktes berechnet, an dem die Handachsen mit den Hauptachsen verbunden sind. Nach einer Transformation der x', y', z'-Koordinaten dieses Punktes in das Zylinderkoordinatensystem z', ρ', ϕ' des PHG-Systems sind mit Berücksichtigung von Achsennullpunkten und Maßstabsfaktoren die Achsenwerte der drei Hauptachsen errechenbar. Die Achsenwerte der Handachsen erhält man aus dem Winkel zwischen deren Nachbarachsen.

6.2 Berechnung der Greiferachsenlage aus den Bildsensordaten

Der Bildsensor bestimmt aus dem vorliegenden Objektbild die Klasse k, die Flächenschwerpunktskoordinaten x_s, y_s und den Verdrehungswinkel δ. Der Klasse k sind zusätzlich auflageabhängige Objektkonstanten zugeordnet, die mit k indiziert werden. Die Objektkonstanten sind in Bild 47 eingetragen und werden nachfolgend beschrieben. Ausgehend vom Flächenschwerpunkt S wird durch die Vektoren $\vec{g_k}$ und $\vec{a5}$ die Lage des Greifpunktes G und die Richtung der Greiferachse festgelegt. Der Greifpunkt G ist derjenige Ort, auf den beim Zugriff ein auf der Greifachse liegender Punkt positioniert wird. Der Punkt auf der Greiferachse wird dabei so gewählt, daß die Lage des Punktes beim Greifer und beim Objekt meßtechnisch günstig zu erfassen ist. Vom Vektor $\vec{g_k}$ werden beim Einlernen $g_{k,z}$, $g_{k,p}$ und ω_k ausgemessen oder errechnet. $g_{k,z}$ ist der Abstand zwischen G und der x,y-Ebene. Aus der Projektion des Vektors g_k auf die x,y-Ebene resultiert der Vektor $\vec{g_{k,p}}$, der durch seinen Betrag $g_{k,p}$ und den Winkel ω_k gegenüber der x-Achse festgelegt ist. Der Winkel ω_k gibt die Richtung des Vektors $g_{k,p}$ beim Einlernen an. Zu diesem Winkel ω_k ist bei einer Verdrehung der vom Sensor gemessene Winkel δ zu addieren. Für die Komponenten des Vektors $\vec{g_k}$ läßt sich damit schreiben:

$$\begin{bmatrix} g_{k,x} \\ g_{k,y} \\ g_{k,z} \end{bmatrix} = \begin{bmatrix} g_{k,p} \cdot \cos(\delta + \omega_k) \\ g_{k,p} \cdot \sin(\delta + \omega_k) \\ g_{k,z} \end{bmatrix} \qquad (6.2\text{-}1)$$

Die Richtung der Greiferachse und damit der Vektor $\vec{a5}$ wird durch
den Winkel λ_k und β_k angegeben. λ_k ist der Winkel zur z-Achse
und β_k der Winkel zwischen der Senkrechtprojektion des Vektors $\vec{a5}$
auf die x,y-Ebene und der x-Richtung beim Einlernen. Mit dem zusätzlich bekannten Betrag des Vektors $\vec{a5}$ gilt damit für dessen Komponenten im x,y,z-System:

$$\begin{bmatrix} a5_x \\ a5_y \\ a5_z \end{bmatrix} = \begin{bmatrix} a5 \cdot \sin\lambda_k \cdot \cos(\delta + \beta_k) \\ a5 \cdot \sin\lambda_k \cdot \sin(\delta + \beta_k) \\ a5 \cdot \cos\lambda_k \end{bmatrix} \qquad (6.2-2)$$

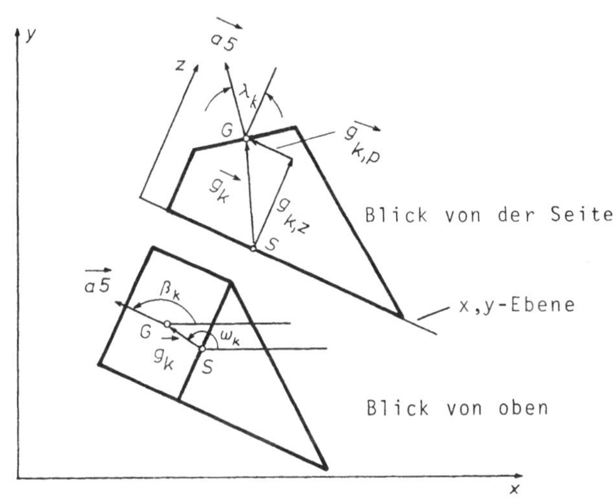

<u>Bild 47:</u>
Objektkonstanten, die zusammen mit den Sensormeßwerten die Richtung und Lage der Greiferachse festlegen.

<u>6.3 Übergang vom Sensorsystem (x,y,z) zum x',y',z'-System</u>

Das x',y',z'-System ist gegenüber dem x,y,z-System verschoben
und verdreht. Zur Festlegung der Verdrehung werden die Eulerschen Winkel ausgemessen und daraus eine Transformationsmatrix
T gebildet /39/. Der Koordinatenursprung des x',y',z'-Systems
hat im x,y,z-System die Koordinaten x_0, y_0 und z_0.

Die Komponenten a_x, a_y, a_z eines Vektors a im ungestrichenen System lassen sich damit in die Komponenten $a_{x'}$, $a_{y'}$, $a_{z'}$ des gestrichelten Systems überführen:

$$\begin{bmatrix} a_{x'} \\ a_{y'} \\ a_{z'} \end{bmatrix} = T \cdot \begin{bmatrix} a_x \\ a_y \\ a_z \end{bmatrix} \qquad (6.3-1)$$

Für die Komponenten eines Ortsvektors r gilt:

$$\begin{bmatrix} r_{x'} \\ r_{y'} \\ r_{z'} \end{bmatrix} = T \cdot \begin{bmatrix} r_x \\ r_y \\ r_z \end{bmatrix} - \begin{bmatrix} x_0 \\ y_0 \\ z_0 \end{bmatrix} \qquad (6.3-2)$$

6.4 Die Richtungen der Handachsen

Mittels der Transformationsgleichung (6.3-1) werden aus den in Gleichung (6.2-2) angegebenen Vektorkomponenten des Vektors $\vec{a5}$ die Vektorkomponenten $a5_{x'}$, $a5_{y'}$ und $a5_{z'}$ errechnet.
Die Komponenten des Vektors $\vec{a3}$ sind im x', y', z'-System bekannt, und zwar gilt:

$$\begin{bmatrix} a3_{x'} \\ a3_{y'} \\ a3_{z'} \end{bmatrix} = \begin{bmatrix} 0 \\ 0 \\ a3 \end{bmatrix} \qquad (6.4-1)$$

Ausgehend von Vektor $\vec{a3}$ und $\vec{a5}$ sind die Komponenten des Vektors $\vec{a4}$ errechenbar. Konstruktionsbedingt ist der Winkel zwischen den aneinandergrenzenden Handachsen vorgegeben, und zwar ist er bei dem dieser Berechnung zugrunde gelegten Gerät bei jeder Achse 90°. Das bedeutet, daß die skalaren Produkte von Vektor $\vec{a4}$ mit den Vektoren $\vec{a3}$ und $\vec{a5}$ zu Null werden. Mit der zusätzlichen Kenntnis des Vektorbetrages von $\vec{a4}$ lassen sich drei Gleichungen aufstellen, aus denen die Komponenten des Vektors $\vec{a4}$ errechenbar sind:

$$\text{I} \quad a3_{x'} \cdot a4_{x'} + a3_{y'} \cdot a4_{y'} + a3_{z'} \cdot a4_{z'} = 0$$

$$\text{II} \quad a5_{x'} \cdot a4_{x'} + a5_{y'} \cdot a4_{y'} + a5_{z'} \cdot a4_{z'} = 0 \qquad (6.4-2)$$

$$\text{III} \quad (a4_{x'}{}^2 + a4_{y'}{}^2 + a4_{z'}{}^2)\,1/2 = a4$$

Die Vektorkomponenten von $\vec{a3}$ in Gleichung (6.4-2) I eingesetzt, ergibt:

$$a3_{z'} \cdot a4_{z'} = 0 \longrightarrow a4_{z'} = 0$$

Die Komponente $a4_{z'}$, eingesetzt in Gleichung (6.4-2) II und III, führt zu den Gleichungen:

$$a5_{x'} \cdot a4_{x'} + a5_{y'} \cdot a4_{y'} = 0 \text{ und}$$
$$(a4_{x'}^{\;2} + a4_{y'}^{\;2})^{1/2} = a4$$

Die beiden Bedingungen werden von 2 entgegengesetzt gerichteten Vektoren $\vec{a_{+}4}$ und $\vec{a_{-}4}$ erfüllt. Die Komponenten des Vektors $\vec{a_{+}4}$ sind:

$$\begin{bmatrix} a_{+}\,4_{x'} \\ a_{+}\,4_{y'} \\ a_{+}\,4_{z'} \end{bmatrix} = \begin{bmatrix} +a4 \cdot a5_{y'} \cdot (a5_{y'}^{\;2} + a5_{x'}^{\;2})^{-1/2} \\ -a4 \cdot a5_{x'} \cdot (a5_{y'}^{\;2} + a5_{x'}^{\;2})^{-1/2} \\ 0 \end{bmatrix} \qquad (6.4-3)$$

Es ergibt sich im Laufe der weiteren Berechnungen, ob beide, eine oder keine der Lösungen $\vec{a_{+}4}$ und $\vec{a_{-}4}$ zulässig sind. Hierbei ist zu prüfen, ob die errechneten Achsstellungen vom PHG angefahren werden können. Randbedingungen ergeben sich durch die begrenzte Verfahrbarkeit der PHG-Achsen und durch Hindernisse im Arbeitsraum des PHG.

6.5 Die Positionssollwerte der Hauptachsen

Für die Berechnung der Hauptachsensollwerte ist der Ortsvektor $\vec{r3}$ (siehe Bild 46) im x', y', z'-System zu bestimmen. Dieser Vektor zeigt auf den Punkt, bei dem die Hauptachsen mit den Handachsen verbunden sind. Mit den in Gleichung (6.2-1) angegebenen Komponenten des Greifpunktvektors und den Flächenschwerpunktskoordinaten errechnen sich die Komponenten des Ortsvektors $\vec{rG}$, der im Sensorsystem die Lage des Greifpunktes G angibt:

$$\begin{bmatrix} rG_x \\ rG_y \\ rG_z \end{bmatrix} = \begin{bmatrix} x_s + g_{k,x} \\ y_s + g_{k,y} \\ g_{k,z} \end{bmatrix} \qquad (6.5-1)$$

Mit den Transformationsgleichungen (6.3-2) wird der Ortsvektor rG in das x', y', z'-System übertagen. Durch Addition der Vektoren $\vec{rG}$, $\vec{a5}$, $\vec{a4}$ und $\vec{a3}$ erhält man den gesuchten Ortsvektor $\vec{r3}$:

$$\begin{bmatrix} r3_{x'} \\ r3_{y'} \\ r3_{z'} \end{bmatrix} = \begin{bmatrix} rG_{x'} + a5_{x'} + a4_{x'} + 0 \\ rG_{y'} + a5_{y'} + a4_{y'} + 0 \\ rG_{z'} + a5_{z'} + 0 \quad + a3 \end{bmatrix} \qquad (6.5-2)$$

Die Koordinaten dieses Ortsvektors sind in die Zylinderkoordinaten des PHG-Systems umzurechnen. Die Formeln für diese Umrechnung sind /39/:

$$\rho' = (r3_{x'}^2 + r3_{y'}^2)^{1/2},$$
$$\phi' = \text{arc tg}\, \frac{r3_{y'}}{r3_{z'}} \quad \text{und} \qquad (6.5-3)$$
$$z' = r3_{z'}.$$

Mit den Achsennullpunktswerten k_0 und den Maßstabsfaktoren k_M erhält man gemäß der Zuordnung in Abschnitt 6.1 die Achswerte für die 3 Grundachsen:

$$A1 = k1_0 + k1_M \cdot \text{arc tg}\, \frac{r3_{y'}}{r3_{z'}}\,,$$
$$A2 = k2_0 + k2_M \cdot r3_{z'} \qquad \text{und} \qquad (6.5-4)$$
$$A3 = k3_0 + k3_M \cdot (r3_{x'}^2 + r3_{y'}^2)^{1/2}.$$

6.6 Die Positionssollwerte der Handachsen

Der Positionssollwert einer Handachse ist durch den Winkel gegeben, der zwischen ihren Nachbarachsen liegt. Mit der Formel zur Berechnung der Winkel zwischen zwei Vektoren /39/ wird der Achssollwert für die Achse A4 beispielhaft angegeben:

$$A4 = k4_0 + k4_M \cdot \text{arc cos}\, (a2_{x'} \cdot a4_{x'} + a2_{y'} \cdot a4_{y'} + a2_{z'} \cdot a4_{z'}) \cdot (a2 \cdot a4)^{-1}$$

$$(6.6-1)$$

Entsprechend errechnet sich A5 durch Berücksichtigung der Vektoren $\vec{a3}$ und $\vec{a5}$.

Ist bedingt durch Werkstück und Greiferart (z.B. Zangengreifer) eine Verdrehung des Greifers erforderlich, errechnet sich der Achsenwert A6 durch den Winkel zwischen $\vec{a4}$ und der Greifflächennormalen.

6.7 Ausführungsbeispiel

Dieses Beispiel wird gerechnet für den Zugriff auf ein Werkstück, bei dem Greifpunkt und Flächenschwerpunkt nicht zusammenfallen und die Greiferachse nicht senkrecht auf der Auflageebene steht. Die Lage der Greiferachse ist nach Abschnitt 6.2 festgelegt durch die Grössen $g_{k,z}$, $g_{k,p}$, ω_k, λ_k, β_k, δ, x_s und y_s. Die Vektorkomponente $g_{k,p}$ und die Projektion der Greiferachse auf die x,y-Ebene sollen die gleiche Richtung haben, so daß $\omega_k = \beta_k$. Beim Einlernen wird die Verdrehung des Teiles so gewählt, daß $\omega_k = \beta_k = 0$.

Die Komponenten des Vektors $\vec{a5}$ lassen sich mit (6.2-2) für das Sensorsystem angeben:

$$\begin{bmatrix} a5_x \\ a5_y \\ a5_z \end{bmatrix} = \begin{bmatrix} a5 \cdot \sin \lambda_k \cdot \cos \delta \\ a5 \cdot \sin \lambda_k \cdot \sin \delta \\ a5 \cdot \cos \lambda_k \end{bmatrix} \qquad (6.7\text{-}1)$$

Für die Übertragung des Vektors $\vec{a5}$ in das x', y', z'-System ist die Transformationsmatrix T zu errechnen. Hierfür ist die Verdrehung der beiden Systeme gegeneinander zu bestimmen. Der Bildsensor und das PHG seien so aufgebaut, daß die beiden z-Achsen die gleiche Richtung haben und die x'-Achse durch den Koordinatenursprung des Sensorsystems geht. y_0 ist damit gleich 0. Die Eulerschen Winkel werden bis auf den Winkel ϕ der reinen Drehung gleich Null. Für die Transformationsmatrix T gilt dann:

$$T = \begin{vmatrix} \cos \phi & \sin \phi & 0 \\ -\sin \phi & \cos \phi & 0 \\ 0 & 0 & 1 \end{vmatrix} \qquad (6.7\text{-}2)$$

Mit (6.3-1) sind damit die Komponenten des Vektors $\vec{a5}$ im x', y', z'-System errechenbar:

$$\begin{bmatrix} a5_{x'} \\ a5_{y'} \\ a5_{z'} \end{bmatrix} = \begin{bmatrix} a5 \cdot \sin\lambda_k \cdot \cos(\delta-\phi) \\ a5 \cdot \sin\lambda_k \cdot \sin(\delta-\phi) \\ a5 \cdot \cos\lambda_k \end{bmatrix} \qquad (6.7-3)$$

Durch Einsetzen von (6.7-3) in (6.4-3) erhält man die Komponenten des Vektors $\overrightarrow{a_+4}$:

$$\begin{bmatrix} a_+4_{x'} \\ a_+4_{y'} \\ a_+4_{z'} \end{bmatrix} = \begin{bmatrix} a4 \cdot \sin(\delta-\phi) \\ -a4 \cdot \cos(\delta-\phi) \\ 0 \end{bmatrix} \qquad (6.7-4)$$

Die Lage des Verbindungspunktes zwischen Handachsen und Hauptachsen ist durch den Ortsvektor $\overrightarrow{rG}$ im gestrichelten System gegeben. Mit (6.2-1), (6.5-1) und (6.3-2) gilt

$$\begin{bmatrix} rG_{x'} \\ rG_{y'} \\ rG_{z'} \end{bmatrix} = \begin{bmatrix} g_{k,p} \cdot \cos(\delta-\phi) + x_s \cdot \cos\phi + y_s \cdot \sin\phi - x_0 \\ g_{k,p} \cdot \sin(\delta-\phi) - x_s \cdot \sin\phi + y_s \cdot \cos\phi \\ g_{k,z} \qquad\qquad\qquad\qquad\qquad - z_0 \end{bmatrix} \qquad (6.7-5)$$

Durch Einsetzen von (6.7-4), (6.7.1), (6.7-2) und (6.4-1) in (6.5-2) lassen sich die Komponenten des Vektors $\overrightarrow{r3}$ angeben.

$$\begin{bmatrix} r3_{x'} \\ r3_{y'} \\ r3_{z'} \end{bmatrix} = \begin{bmatrix} (g_{k,p}+a5 \cdot \sin\lambda_k) \cdot \cos(\delta-\phi)+a4 \cdot \sin(\delta-\phi)+x_s \cdot \cos\phi+y_s \cdot \sin\phi-x_0 \\ (g_{k,p}+a5 \cdot \sin\lambda_k) \cdot \sin(\delta-\phi)-a4 \cdot \cos(\delta-\phi)-x_s \cdot \sin\phi+y_s \cdot \cos\phi \\ g_{k,z}+a5 \cdot \cos\lambda_k - z_0 \end{bmatrix}$$

$$(6.7-6)$$

Die Konstanten $g_{k,p}$, λ_k, ϕ, x_0 und die vom Bildsensor gemessenen Größen x_s, y_s und δ werden in Gleichung (6.7-6) eingesetzt. Mit den Gleichungen (6.5-4) werden die Positionssollwerte der Hauptachsen errechnet. Es zeigt sich, daß der Sollwert der 2. Achse lediglich eine Funktion der Lageklasse k ist. Er kann daher dem PHG in dem der Lageklasse k zugeordneten Unterprogramm per Einlernvorgang eingegeben werden.

Der Achsensollwert für A4 wird aus Gleichung (6.6-1) erhalten. Die Vektorkomponenten $a2_{x'}$ und $a2_{y'}$ sind identisch mit den Komponenten $r3_{x'}$ bzw. $r3_{y'}$. Damit gilt:

$$(r3_{x'} \cdot a_+4_{x'} + r3_{y'} \cdot a_+4_{y'} + r3_{z'} \cdot a_+4_{z'}) \cdot (r3 \cdot a4)^{-1} =$$
$$a4 + (x_s + y_s - x_0) \cdot \sin(\delta - \phi) + (x_s - y_s) \cdot \cos(\delta - \phi) \cdot (r3)^{-1}$$

$$(6.7-7)$$

In gleicher Weise erhält man den Sollwert für A5:

$$(a3_{x'} \cdot a5_{x'} + a3_{y'} \cdot a5_{y'} + a3_{z'} \cdot a5_{z'}) \cdot (a3 \cdot a5)^{-1} = \cos \lambda_k.$$

$$(6.7-8)$$

Der Achsenwert A4 wird erechnet und der Achsenwert A5, da unabhängig von der Lage des klassifizierten Teiles, per Einlernvorgang dem PHG eingegeben.

Nach der Berechnung ist zu überprüfen, ob die Achsenwerte innerhalb zulässiger Bereiche liegen (siehe Abschnitt 6.4). Ist dies nicht der Fall, werden in die Transformationsgleichungen die Komponenten des Vektors $\overrightarrow{a_-4}$ eingesetzt. Liegen danach die Achsenwerte innerhalb des zulässigen Bereichs, erfolgt der Zugriff, ansonsten gibt das System eine Störmeldung.

7 Praktische Versuche

Die Anwendung eines Bildsensors erfolgt im allgemeinen in einem
größeren Geräteverbund. Das Ziel der Versuche war, die bei der Realisierung eines Gesamtprozesses auftretenden Probleme kennenzuler-
nen und potentiellen Anwendern die Einsatzmöglichkeiten eines
Bildsensors zu demonstrieren.

Nach einer Erprobung des Bildsensors im Labor wurden in diesem Sinne drei Anwendungsbeispiele erschlossen.

- Der Bildsensor wurde mit einem Fließband und einem PHG verkop-
  pelt. Die auf dem Band liegenden ungeordneten Teile werden nach
  einem Bandstop vom Bildsensor erkannt und vom PHG gegriffen.
- Aus einer Kiste mit ungeordneten Werkstücken wird vom PHG ein
  Werkstück ungezielt gegriffen und im Sensorbildfeld abgelegt.
  Nach einer Erkennung des Werkstückes durch den Sensor wird das
  Werkstück gezielt gegriffen und geordnet.
- Erkennung der Drehlage eines Teiles an einem automatischen Bohr-
  arbeitsplatz für Kleinserien.

Diese drei Beispiele sind Ordnungsaufgaben, da im Ordnen von Werkstücken das Hauptanwendungsgebiet für diesen Bildsensor gesehen
wird. Ein weiteres Einsatzgebiet, und zwar das Ausmessen von Positionen kann in den meisten Fällen mit Sensoren geringerer Leistungsfähigkeit bearbeitet werden, da hierbei oft die Messung der
Verdrehung entfällt. Versuche zum Erkennen der Anfangspositionen
von Schweißnähten wurden mit einem Gerät durchgeführt, das lediglich den Flächenschwerpunkt eines Musters ausmißt. Die Ergebnisse
sind in /40/ dargestellt.

7.1 Verkettung des Bildsensors mit einem PHG

7.1.1 Datenübertragung

Das Ordnen von Teilen unter Einsatz eines Bildsensors erfordert Geräte, die nach einer Erkennung das Teil in eine gewünschte Lage
bringen. Vorteilhafterweise wird hierfür ein PHG eingesetzt. Zu

diesem Zweck wurde der Bildsensor mit einem PHG des Typs PPI-PM12
/41/ verkettet. Dieses Gerät wurde ausgewählt, weil hier eine rela-
tiv leistungsfähige Schnittstelle zur Verkopplung mit anderen Geräten besteht, und zwar:

- eine externe Datenvorgabe, über die Achswerte und Unter-
  programmsprünge eingegeben werden können,
- 8 Ausgänge und
- 8 Eingänge.

Externe Datenvorgabe, die Aktivierung eines Ausganges und die Abfrage eines Einganges können zu jedem einzelnen Schritt des PHG
einprogrammiert werden. Mit dieser Schnittstellenausführung ist
das PHG in der Lage, den Gesamtprozeß zu steuern.

Die Datenübergabe Bildsensor - PHG läuft wie folgt ab: Mittels eines Verkettungsausganges startet das PHG den Bildsensor und war-
tet, bis an einem seiner Verkettungseingänge der Bildsensor die
"Fertig"-Meldung anlegt. Nach dieser "Fertig"-Meldung geht das
PHG zum nächsten Schritt des Fahrprogrammes, in dem der Befehl "Externe Datenvorgabe" abgespeichert ist. Das PHG greift jetzt auf
den Pufferspeicher (Abschnitt 5.1) des Bildsensors zu und liest
die Positionssollwerte der einzelnen Achsen aus. Mittels eines
Quittungssignals kann der Bildsensor bezüglich der einzelnen Achsen entscheiden, ob das PHG den externen oder seinen intern abgespeicherten Positionssollwert anfährt.

7.1.2 Achsenanordnung

Die Handachsen des PHG sind selbständige Baugruppen und können in
beliebiger Anordnung montiert werden. So läßt sich das Gerät in optimaler Weise an den jeweiligen Anwendungsfall anpassen.

Bild 48a zeigt die für den Griff auf das Band gewählte Handachsenkonfiguration. Beim Zugriff auf das Werkstück steht in diesem Fall
die Greiferachse senkrecht auf dem Band. Die Koordinatentransformation wird dadurch besonders einfach, weil die Vektoren $\vec{a5}$ und $\vec{a4}$
(siehe Abschnitt 6) Null sind und bei dem verwendeten Werkstück
(siehe Bild 50) Greifpunkt und Flächenschwerpunkt zusammenfallen.

Die beim "Griff in die Kiste" verwendete Handachsenkonfiguration ist in Bild 48b dargestellt. Die zusätzliche Handachse wird benötigt, weil bei dem zu handhabenden Werkstück die Richtung der Greifflächennormale sich abhängig von Lageart und Verdrehung ändert. Die für einen derartigen Zugriff auf ein Werkstück erforderliche Koordinatentransformation ist in Abschnitt 6.7 errechnet.

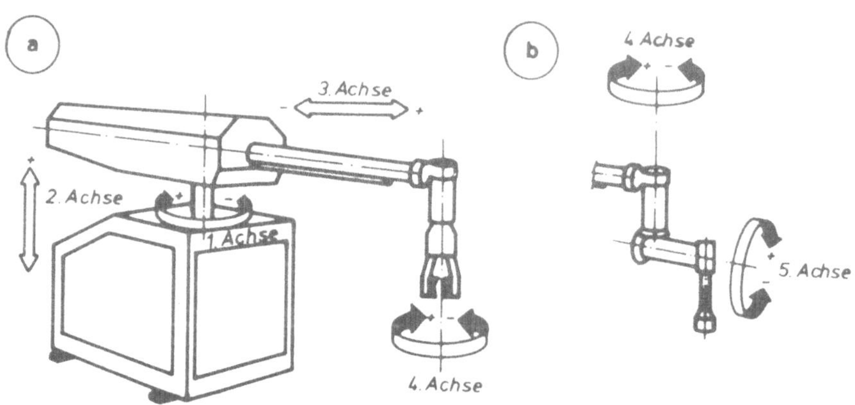

Bild 48:

Handachsenanordnung beim Griff auf das Band (a) und beim Griff in die Kiste (b)

7.1.3 Die Konstanten der Transformation

Um einem PHG den Zugriff auf ein vom Bildsensor erkanntes und ausgemessenes Objekt zu ermöglichen, sind nachfolgende Konstanten auszumessen und in die Transformationsgleichungen von Abschnitt 6 einzusetzen:

- Konstanten, welche den Bezug zwischen PHG und Bildsensorsystem herstellen:
  - die Lage des Sensorkoordinatenursprungs (x_0, y_0, z_0) im PHG-System,
  - die Verdrehung der Systeme gegeneinander; festgelegt durch die drei Eulerschen Winkel,
  - Maßstabsfaktoren.

- PHG-Konstanten;
  - Lage der Achsennullpunkte,
  - Auflösungsvermögen der einzelnen Achsen,
  - Länge der Handachsen.
- Werkstückkonstanten;
  - Lage des Greifpunktes,
  - Richtung der Greifflächennormalen.

Die Konstanten wurden soweit möglich dem PHG-Datenblatt entnommen und der Rest mit gängigen, einem Betrieb zur Verfügung stehenden Meßgeräten (Lineal, Winkelmesser, Winkel) ausgemessen und in die Transformationsgleichungen (Abschnitt 6.7) eingesetzt. Trotz ausreichender Rechengenauigkeit lagen die maximalen, auf Meßfehler zurückzuführenden Abweichungen bei ca. 20 mm. Die erforderliche Positioniergenauigkeiten von 5 mm wurden schließlich mittels eines adaptiven Verfahrens erreicht, bei dem der Fehler ausgemessen wurde und damit nach einer Analyse die Konstanten gezielt angepaßt wurden.

7.2 Erkennen und Ordnen von Werkstücken auf dem Fließband

Anhand dieses Anwendungsfalles wurde der Bildsensor auf der Interkama 1977 zum ersten Mal der Öffentlichkeit vorgestellt. Der Versuchsaufbau setzt sich zusammen aus einem Transparentband, einer über dem Transparentband montierten Fernsehkamera, dem Bildsensor und dem PHG, welches das auf dem Band liegende und vom Sensor erkannte Werkstück greift und in eine Schablone einlegt.

Der Ablauf wird anhand des in Bild 49 dargestellten Flußdiagramms erläutert. Nach einem Start des Sensors per Drucktaste konnten die Messebesucher das in Bild 50 dargestellte Werkstück auf das Transparentband legen. Das Transparentband transportierte das Werkstück in das Bildfeld des Bildsensors, der jedes Objektbild, das sich vom oberen Bildrand löst, bezüglich seiner Fläche und Flächenschwerpunktskoordinate y_S prüft. Ist die Fläche identisch mit einer der in Bild 50 dargestellten Objektsilhouetten und hat die Flächenschwerpunktskoordinate y_S eine einstellbare Schwelle erreicht, wird das Band gestoppt. Die Schwelle wird so eingestellt,

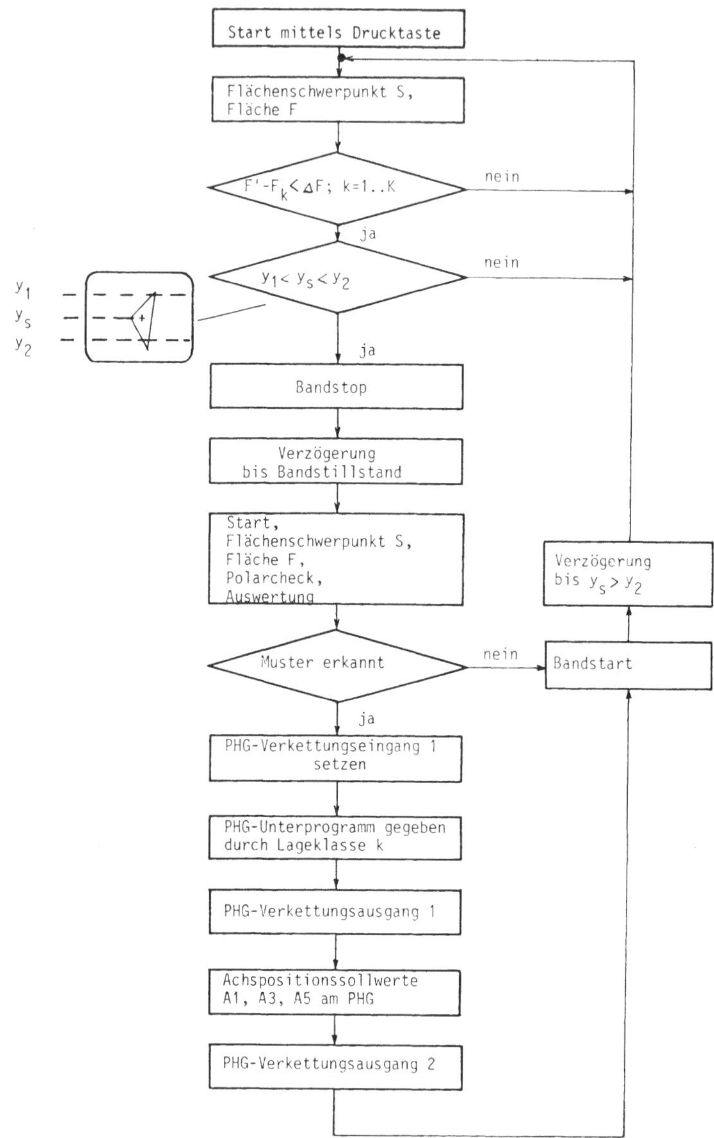

Bild 49:

Flußdiagramm zur Steuerung von Sensor, programmierbarem Handhabungsgerät (PHG) und Band

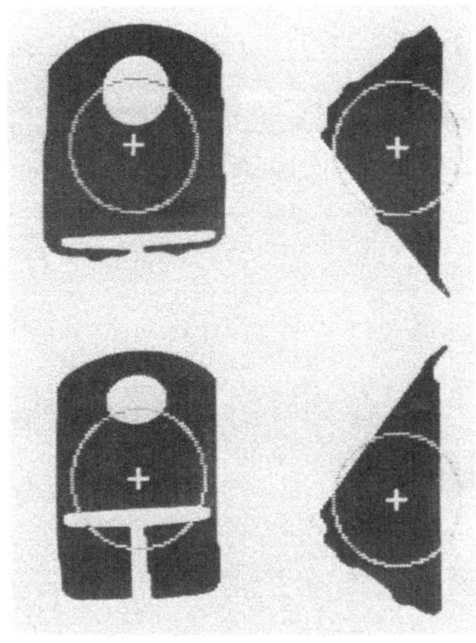

Bild und Silhouetten des Werkstückes, das zur Demonstration des Erkennens und Ordnens von Werkstücken auf dem Fließband verwendet wurde.

daß das Werkstück nach dem Bandstop in der Mitte des Sensorbildfeldes liegt und dadurch Störungen, verursacht durch Aspektänderungen, klein bleiben. Nach einer Verzögerung entsprechend der Zeit bis zum Bandstillstand, wird das vorliegende Muster endgültig ausgemessen und klassifiziert. Ist das Muster nicht erkannt, wird das Band gestartet und nach einer Verzögerung, die sicherstellt, daß das Objekt außerhalb des Sensorbildfeldes liegt, die Flächen- und Flächenschwerpunktsprüfung neu begonnen. Ist das Muster erkannt, wird dies dem PHG durch Setzen eines Verkettungseinganges signalisiert. Das PHG liest danach die der Lageklassennummer zugeordnete Unterprogrammnummer aus dem Pufferspeicher (Abschnitt 5.1) des Bildsensors aus. Nach dem Sprung in das Unterprogramm, in dem die lageklassenabhängigen Handhabungen ausgeführt werden, setzt das PHG mittels eines Verkettungsausganges ein Flip-Flop im Bildsensor, das beim nachfolgenden Zugriff auf den Pufferspeicher die Ausgabe der Unterprogrammnummer sperrt und die der Achsenpositionssollwerte für A1, A3 und A4 freigibt. Das PHG nimmt mit Kenntnis dieser Achswerte das Werkstück vom Band und startet mittels eines weiteren Verkettungsausganges den Bildsensor, womit der Zyklus von neuem beginnt.
Die Versuchsergebnisse sind in Abschnitt 7.6.2 zusammengefaßt.

7.3 "Griff in die Kiste" durch Vereinzelung und optische Erkennung

Bei diesem Anwendungsbeispiel übernimmt das PHG Vereinzelungs-
und Ordnungsvorgang. Mittels eines Spezialgreifers wird ein Werkstück aus der Kiste vereinzelt und in das Sensorbildfeld gelegt.
Der Bildsensor klassifiziert und mißt die Lagekoordinaten des Werkstückes, wonach das PHG gezielt zugreift und das Werkstück ordnet,
d.h. bei dem gewählten Anwendungsbeispiel palettiert.

7.3.1 Vereinzelung mittels Spezialgreifer

Im Gegensatz zu bisherigen Arbeiten /10,11/ wird der Vereinzelungs-
vorgang nicht durch einen Sensor zur Suche von Greifbereichen gesteuert. Damit entfällt der zusätzliche Sensoraufwand und die an
das Werkstück gestellten Bedingungen bezüglich Erkennbarkeit der
Greiffläche. Zur Vereinzelung greift das PHG programmgesteuert in
die Kiste. Zeigt ein Sensor im Spezialgreifer nun einen erfolgrei-
chen Zugriff an, wird das Teil aus der Kiste entnommen und geordnet. Nach jedem Greifversuch wird eine neue Position angefahren
und auf diese Art und Weise die Kiste rasterförmig abgetastet.
Nach mehreren aufeinanderfolgenden erfolglosen Greifversuchen
wird die Suche abgebrochen.
Als Greifer wurde ein Magnetgreifer gewählt. Mit einem Magnetgreifer können Werkstücke an völlig undefinierten Stellen gegriffen
werden, wodurch das bei anderen Greifern notwendige Suchen von
Greifbereichen (Flächen, Kanten) entfällt. Die Beschränkung auf
ferromagnetische Werkstücke ist nicht schwerwiegend, da ein genügend großer Anteil der zu handhabenden Werkstücke aus ferromagneti-
schem Material gefertigt ist.

Das Greifersystem hat die spezielle Eigenschaft, zwei Zustände einnehmen zu können (Bild 51). Für den ungezielten Griff hängt ein
das Werkstück haltender Haftmagnet an einem ca. 15 cm langen Stahlseil und für den gezielten Griff wird dieser Haftmagnet mit Hilfe
des Stahlseiles in eine Zentriervorrichtung gezogen. Der Umschalt-
vorgang wird durch einen Pneumatikzylinder bewirkt, dessen Kolben-
stange über das Stahlseil mit dem Haftmagnet verbunden ist.

<u>Bild 51:</u>
Greifersystem beim gezielten Griff
auf ein Gußteil und beim ungezielten Griff in die Kiste.

Durch das freie Hängen des Haftmagneten ergeben sich wesentliche
Vorteile:
- Der Haftmagnet sucht die Werkstücke, indem er durch die magneti-
sche Kraft zu den Werkstücken gezogen wird.
- Die Greifkraft wird erhöht, weil sich die Haftfläche des Haftmagneten an die Werkstückfläche anlegt.
- Das PHG kann beim ungezielten Griff schnell in die Richtung der
Werkstücke fahren. Nach einer durch einen Sensor gemeldeten Be-
rührung der Werkstücke verbleibt eine Strecke gleich der Seillän-
ge, um die Bewegung abzubremsen.
- Durch Umschalten des Greifers vom starren in den flexiblen Zustand lassen sich undefiniert gegriffene Werkstücke problemlos
ablegen.

Ein Gußteil (siehe Bild 51) mit einem Gewicht von 1,5 kp wurde vereinzelt und anschließend geordnet. Beim ungezielten Griff waren
ca. 70 % der Greifversuche erfolgreich. Die Zeit, die das PHG für
die Vereinzelung eines Gußteils benötigt, ist 12 s. Der Vereinze-
lungsvorgang beginnt dabei mit dem Hinfahren zur Kiste und endet
mit dem Ablegen des Werkstückes im Sensorbildfeld. Ein Nachgreifen
erfordert zusätzlich 3 s. Für den gezielten Griff und den Ablege-
vorgang benötigt das PHG weitere 12 s, womit im besten Fall eine
Taktzeit von 24 s erreicht wird.

7.3.2 Auflageebene, Beleuchtung und Werkstück

Das Gußteil wird bei der Erkennung im Durchlicht betrachtet. Rost und Schleifspuren auf der Oberfläche des Werkstückes führen näm- lich bei einer Auflichtbeleuchtung zu nicht auswertbaren Bildern.

Einen robusten Leuchttisch, auf dem auch schwere Teile abgelegt werden können, erhält man durch Abdecken eines handelsüblichen Leuchttisches mit einer Acrylglasplatte geeigneter Dicke. Auf die Acrylglasplatte wird zusätzlich eine Platte aus PE-Schaum (Verpak- kungsmaterial) gelegt, was zu einigen Vorteilen führt:
- Die Oberfläche der Acrylglasplatte wird geschützt. Eine Erneue- rung des PE-Schaums bei Verschleiß und Verschmutzung ist einfach und billig.
- Schwingungen, die bei manchen Auflagearten nach dem Ablegevor- gang auftreten, werden gedämpft.
- Die Zahl der Auflagearten wird reduziert (s. Abschnitt 2.4.1).

Bild 52 zeigt die Silhouetten des zur Demonstration gewählten Guß- teiles bei den 8 stabilen Auflagearten. Zur Aufwandsreduktion wur- de durch geeignete Maßnahmen die Zahl der Auflagearten einge-

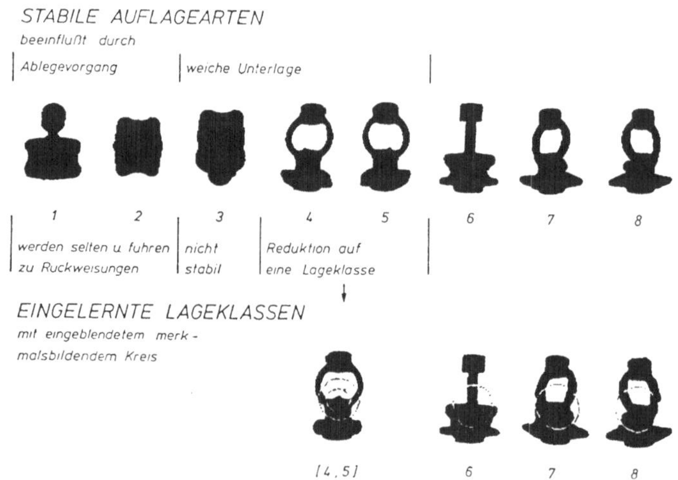

Bild 52:
Einschränken der Lageklassenzahl zur Aufwandsreduktion.

schränkt. Bei zwei Auflagearten (1,2 in Bild 52) führt der beim Ablegen am Gußteil haftende Magnet zu Lageinstabilitäten, so daß diese Auflagearten selten werden. Diese beiden Auflagearten werden
als Rückweisungen behandelt, weil das Gußteil in diesem Fall auf
der Greiffläche steht. Die 3. Auflageart wird durch die weiche Unterlage instabil. Die 4. und 5. Auflageart verschmelzen wegen der
weichen Unterlage zu einer neuen Auflageart [4,5], so daß schließlich zur Weiterverarbeitung die Auflagearten [4,5], 6, 7 und 8 verbleiben.

Die Versuchsergebnisse sind in Abschnitt 7.5.3 dargestellt.

7.4 Erkennen der Drehlage von Werkstücken an einem automatischen Bohrarbeitsplatz

Am Fraunhofer-Institut für Produktionstechnik und Automatisierung
(IPA), Stuttgart, wurde in Form eines Pilotprojektes ein automatischer flexibler Bohrarbeitsplatz für Kleinserien erstellt /42/.

Die Zuteilung der Werkstücke erfolgt bei diesem Arbeitsplatz mit-
tels eines Vibrationswendelförderers oder eines Schrägförderers.
Eine Zuteilung der Werkstücke in geordneter Form ist mit diesen
Einrichtungen dann nicht möglich, wenn zylinderförmige Teile aufgrund bestimmter Merkmale, beispielsweise Nuten, exzentrischer
Bohrungen usw. nicht rotationssymmetrisch sind. Bei derartigen
Werkstücken wird vom Bildsensor die Drehlage der Teile ausgemessen
und an das PHG gegeben. Das PHG verdreht seinen Greifer vor der
Aufnahme des Werkstückes um den vom Bildsensor gemessenen Verdre-
hungswinkel und hat nach dem Zugriff das Werkstück immer gleichar-
tig im Greifer.

Der Bildsensor wurde bei diesem Pilot-Projekt erfolgreich eingesetzt. Bei dem Pilot-Projekt selbst wurden die Ziele bezüglich
Taktzeit und Umrüstzeit erreicht. Für eine Anwendung müssen die An-
lagekosten allerdings noch sinken, und es bedarf einer eingehenden
Erprobung einzelner Elemente, bevor eine ausreichende Zuverlässigkeit erreicht ist.

7.5 Versuchsergebnisse

7.5.1 Bildsensorerprobung

Der Bildsensor wurde mit einem Sortiment von 25 Werkstücken erprobt, wovon zwei in den Bildern 50 und 51 dargestellt sind. Im folgenden werden die Ergebnisse, soweit sie von der Musterart abhängen, in qualitativer Form wiedergegeben:

Flächenschwerpunkt

Der Flächenschwerpunkt von Flachteilen zeigt eine maximale Abweichung von ± 1 % der Bildfeldhöhe. Bei dreidimensionalen Teilen ist zu beachten, daß die Lage des Flächenschwerpunktes bezüglich des Objektes nicht definiert ist, da durch Aspektänderungen die Zuordnung verloren geht.

Winkelmessung

Die Winkelmessung ist abhängig von der Radiengröße der Abtastkreise, von der Zahl der Schnittpunkte der Abtastkreise mit der Objektkontur und von der Art des Musters. Die Winkelgenauigkeit ist daher, falls erforderlich, für ein Muster individuell zu bestimmen. Als Richtlinie für die Winkelauflösung sollen folgende Angaben dienen:

Minimaler Fehler: ± 1 Winkelgrad
Typischer Fehler: ± 3 Winkelgrade

Rückweisungsraten und Fehlklassifikationen

Bei der Erkennung von Flachteilen werden gute Klassifikationsergebnisse erzielt, da die Merkmale bevorzugt in der Mitte der Konfidenzintervalle liegen (siehe Abschnitt 4.2). Die Rückweisungsraten sind klein; Fehlklassifikationen konnten keine beobachtet werden.

Bei dreidimensionalen Teilen sind für eine Anwendung des Bildsensors die Aspektwinkeländerungen klein zu halten. Maßnahmen hierzu sind:

- **großer** Abstand Werkstück - Bildaufnahmegerät bei Verwendung langbrennweitiger Objektive.
- Positionieren der Werkstücke in Bildmitte (z.B. mittels mechanischer Anschläge; Bildaufnahme bei bewegten Objekten dann, wenn der Abstand zum Bildmittelpunkt klein ist; Verschieben der Objekte nach einer Ortsmessung in den Bildmittelpunkt mittels eines x,y-Tisches.

Bedienbarkeit

Eine schnelle Umprogrammierung auf andere Werkstücke ist möglich, setzt aber eine gewisse Erfahrung bezüglich optimaler Wahl der Kreisradien voraus. Bei der Wahl der Abtastkreise ist der Anwender vor allem dann stark beansprucht, wenn viele Musterklassen einzulernen sind, weil die Trennwirksamkeit eines gewählten Winkelfolgenmerkmals bezüglich aller Klassen zu optimieren ist. Bei dieser Optimierung ist eine Unterstützung durch den Bildsensor wünschenswert.

Zum Einlernen einer Musterklasse muß der Anwender maximal 5 Kodierschalter (Auflageart und 4 Radien) einstellen und das Werkstück positionieren. Bei dieser Paralleleingabe ist die Gefahr einer Fehlbedienung gegeben.

7.5.2 Erkennen und Ordnen von Werkstücken auf dem Fließband

Das System wurde über einen Zeitraum von 150 Stunden erprobt und hat in dieser Zeit zufriedenstellend gearbeitet. Vor einer Einführung des Systems in die industrielle Fertigung sind nachfolgende Aufgaben zu bearbeiten:

- die Entwicklung wirtschaftlicher werkstückunspezifischer Vereinzelungsvorrichtungen,
- die Entwicklung von Werkstückwendevorrichtungen, die ein zeitraubendes Umgreifen des PHG unnötig machen,

- die Entwicklung von Greifern, mit denen ein Greifen von Werkstük-
  ken unterschiedlicher Geometrie möglich ist,
- die Eingabe von werkstückspezifischen Daten im "Teach in"-Ver-
  fahren,
- eine Erhebung bezüglich der Bereitschaft der Anwender, Transpa-
  rentbänder einzusetzen,
- eine Untersuchung über das Langzeitverhalten der Transparenz
  bei Transparentbändern.

7.5.3 "Griff in die Kiste" durch Vereinzelung und optische Erkennung

Das System arbeitete über einen Zeitraum von 100 Stunden. Es konnte gezeigt werden, daß durch ein ungezieltes Greifen mit einem Spezialgreifer eine hohe Ausbeute (70 %) erzielt wird und somit diese
Art der Vereinzelung einen gangbaren Weg darstellt. Ein zuverlässi-
ger Ablauf des Gesamtprozesses konnte nicht erreicht werden.

Ursachen hierfür waren:

- Eine vorgesehene Rückführung zurückgewiesener Werkstücke mit-
  tels des PHG konnte aus programmtechnischen Gründen nicht reali-
  siert werden.
- Das Greifersystem zeigte eine hohe Störanfälligkeit und ist zu
  überarbeiten.
- Mehrere Werkstücke hängen nach dem ungezielten Griff am Greifer
  (2 % der Zugriffe).
- Das Abfallen eines Werkstückes vom Greifer führt zu einer
  Abschaltung, da nicht ausgeschlossen werden kann, daß dieses
  Werkstück ein Hindernis im PHG-Arbeitsraum bildet.

Für eine vollständige Automatisierung des "Griffs in die Kiste"
ist der in Abschnitt 7.5.2 zusammengestellte Aufgabenkatalog zu er-
weitern:

- Integration eines Sensors zur Messung des Gewichtes am Greifer.
  Damit lassen sich mehrere Teile am Greifer erkennen. Durch Zu-
  rücklegen der Teile und erneuten Zugriff läßt sich diese Störung
  im allgemeinen beheben.

- Integration eines Sensors zur Detektion von Hindernissen im Arbeitsraum.
- Verfahrbarkeit des PHG auf vorgeschriebenen Bahnen, z.B. entlang der Greifflächennormalen eines Werkstückes beim Zugriff auf das Werkstück oder in Richtung der Werkstücke beim ungezielten Griff.
- Beeinflussung dieser Bahnen durch Sensoren. Die Bewegung entlang der Greifflächennormalen ist z.B. zu beenden, wenn durch einen Sensor der Kontakt zum Werkstück gemeldet wird. Bei ungezieltem Griff in die Kiste ist die Bewegung in Richtung des Werkstückgutes zu unterbrechen, wenn der Greifer auf dem Werkstückgut aufliegt.

7.6 Der Einsatz von Bildsensoren in der industriellen Fertigung - ein ungelöstes Problem

Bildsensoren zur Erkennung und Vermessung von Objekten, deren Einsatz vor allem bei der Automatisierung von Ordnungsaufgaben gesehen wird, haben bis heute keinen Eingang in die industrielle Fertigung gefunden. Die Ursachen hierfür werden wie folgt gesehen:

- Der Einsatz eines Bildsensors erfordert im allgemeinen eine Umgestaltung des Fertigungsablaufs und die damit verbundene Anschaffung teurer Zusatzeinrichtungen (PHG, Vereinzelungsvorrichtung, Zuführungen).
- Zusätzlich ist die Automatisierung einer Ordnungsaufgabe oft mit der Automatisierung anderer Aufgaben verkoppelt (Werkzeugbruchkontrolle, Teileprüfung, Funktionskontrolle) /42/.
- Zur Automatisierung von Ordnungsaufgaben ist ein Bildsensor auf die Zusammenschaltung mit einem PHG angewiesen. Bei den auf dem Markt erhältlichen Geräten sind Schnittstellen zu Sensoren zumeist nicht vorhanden oder haben nur geringe Leistungsfähigkeit.
- Der Bildsensor als Prototyp wird bei diesen hohen Investitionen als ein zu großer Risikofaktor angesehen.
- Die Bereitschaft zur Gestaltung der Szene ist z.T. nicht vorhanden, da Alternativlösungen aus der Literatur bekannt sind, die jedoch bei einer näheren Überprüfung zumeist zu anderen Nachteilen führen (höherer Bildsensoraufwand, längere Verarbeitungszeiten, geringere Zuverlässigkeit).

<u>8 Weiterentwicklung des Bildsensors in Form eines modularen Systems</u>

Der Anstoß für eine Weiterentwicklung des Bildsensors wurde gegeben durch

- die Erkenntnisse beim Erproben des bestehenden Bildsensors,
- die Fortschritte in der Elektronikentwicklung (schnelle Speicher, billige Speicher, Videoprozessoren) und
- die bestehende Konkurrenzsituation, insbesondere zu dem Gerät der Firma BBC /19/.

<u>8.1 Ziele</u>

Das Ziel der Weiterentwicklung ist, die Anwendungsnähe des Bildsensors weiter zu erhöhen. Hierzu werden folgende Wege beschritten:

- Durch eine erhöhte Leistungsfähigkeit des Systems wird der Aufwand bei der Gestaltung der Szene reduziert.
- Als Zielgruppe werden bevorzugt derartige Aufgaben gesehen, bei welchen die Gesamtlösung zu verhältnismäßig geringem Aufwand führt (z.B. Aufgaben in der Qualitätsprüfung).
- Die Anpassungsfähigkeit des Systems an unterschiedliche Aufgaben wird erhöht.
- Die Bedienbarkeit wird verbessert.

<u>8.2 Maßnahmen</u>

<u>Modularer Aufbau</u>

Alle für das System entwickelten Baugruppen werden in Form von Modulen entwickelt, d.h. diese Baugruppen sind für sich funktionsfähige busorientierte Einheiten. So können, je nach Anwendungsfall, einfache oder leistungsfähige Sensorsysteme zusammengestellt werden.

Komponentenmarkierung

In dem System ist ein Hardware-Modul enthalten, das jede zusammenhängende Bildkomponente (bis zu 256 Komponenten) durch eine Nummer
markiert. Gleichzeitig werden den Bildkomponenten Merkmale zugeordnet, die durch die Merkmalsprozessoren berechnet werden. Diese
Komponentenmarkierung bringt einige wesentliche Vorteile:

- Die Erkennung einer größeren Zahl von Objekten im Bildfeld ist
  möglich. Dies führt insbesondere beim Erkennen und Ordnen von
  Werkstücken auf dem Fließband zu geringerem Aufwand bezüglich
  der Vereinzelungseinrichtungen und zu einem erhöhten Durchsatz
  und wird als wesentliche Voraussetzung für die Bearbeitung dieser Aufgabe gesehen /43/.
- Bildstörungen, die vom Objektbild isoliert sind, lassen sich aus-
  filtern.
- Zusätzlicke Merkmale werden gewonnen, wenn sich das Objektbild
  aus mehreren Bildkomponenten zusammensetzt (Löcher, Zerfall der
  Silhouette bei Auflichtbeleuchtung (siehe Bild 2).

Maßnahmen zur Verkleinerung der Rückweisungsrate

Bei dem in dieser Arbeit beschriebenen Bildsensor wird vorausgesetzt, daß die Merkmale einer Musterklasse einen kleinen Bereich
im Merkmalsraum einnehmen. Störungen, verursacht durch Schmutz,
Reflexionen, Kratzer oder Aspektänderungen führen daher sehr
leicht zu Rückweisungen. Diese Rückweisungsrate wird verkleinert
durch die nachfolgend aufgelisteten Maßnahmen:

- Erweiterung des Merkmalsatzes (z.B. Konturlinienlänge, Momente,
  größter und kleinster Durchmesser).
- Vergleich der Winkelfolgen mittels Korrelatoren (s. Abschnitt
  4.3).
- Einlernen eines Musters durch mehrmaliges Vorzeigen. Dadurch
  wird der Bereich einer Musterklasse im Merkmalsraum exakter festgelegt.
- Teilweise Beseitigung von Bildstörungen durch eine Vorverarbei-
  tung des Bildes mittels eines sog. Bildbereinigungsmoduls.

Bildschirmdialog

Die Schalterbedienung eines Bildsensors hat sich in der Praxis weniger bewährt (Abschnitt 7.5.1). Bei dem weiterentwickelten Bildsensor wird der Bediener mit Hilfe eines einfachen Bildschirmdialogs geführt, indem ihm im Klartext vom System vorgeschrieben wird, was er als nächstes zu tun hat. Neben der Verbesserung der Bedienbarkeit kann bei einer derartigen Vorgehensweise das System schnell an neue Probleme angepaßt werden, da anstatt einer hardwaremäßigen Änderung der Bedienelemente lediglich das Programm für den Dialog zu ändern ist.

9 Bewertung

Das hier beschriebene Forschungsvorhaben hat eine Reihe von Beiträgen zur Automatisierung der Handhabung von Werkstücken im Bereich der industriellen Fertigung erbracht. Schwerpunkt der Arbeiten war die Entwicklung und Realisierung eines Bildsensors, der bezüglich seiner Leistungsfähigkeit, Bedienbarkeit und Kosten möglichst anwendungsnah sein sollte. Dieses Ziel wurde im wesentlichen erreicht, die Eignung des Sensors für die Bearbeitung von Ordnungsaufgaben wurde anhand von drei Pilotanlagen nachgewiesen. Die im Verlauf der Erprobung gemachten Erfahrungen haben zu einer Weiterentwicklung von Bildsensoren geführt und die Konstruktion eines modularen Systems richtungsweisend beeinflußt.

Neben der Entwicklung des Bildsensors zeigt dieses Forschungsvorhaben, daß bei der Automatisierung eines Handhabungsvorganges alle Systemkomponenten berücksichtigt werden müssen. Für einige der Komponenten (Koordinatentransformation, Gestaltung der Szene) wurden konkrete Lösungen erarbeitet, und es wurde gezeigt, wie Gesamtaufbauten aussehen können. Die Tatsache, daß der Einsatz des Bildsensors in der industriellen Fertigung nicht zustande kam, liegt darin begründet, daß eine weitreichende Umgestaltung eines Handhabungsablaufes erforderlich ist. Hierzu ist die Industrie offensichtlich nur zögernd bereit. Die Bedeutung der Arbeiten, die im Rahmen dieses Projektes durchgeführt wurden (insbesondere die Pilotanlagen), kann in den Anregungen liegen, die hier der Industrie geliefert wurden. Die Pilotanlagen haben gezeigt, daß eine Reihe von Handhabungsaufgaben durch PHG und Sensoren zu lösen sind.

<u>10 Zusammenfassung</u>

Die vorliegende Arbeit beschreibt die Entwicklung eines Bildsensors zum Klassifizieren und Vermessen von Teilen in der industriellen Fertigung. Für diese Anwendung des Bildsensors wurden Pilotanlagen zum Ordnen von Werkstücken aufgebaut. Anhand dieser Pilotanlagen wurde die mit der Realisierung von derartigen Gesamtlösungen verbundene Problematik untersucht und potentiellen Anwendern die Einsatzmöglichkeiten eines Bildsensors aufgezeigt.

Bei der Konzeption des Bildsensors wird als Voraussetzung für einen Bildsensoreinsatz auf die Notwendigkeit der Gestaltung der Szene hingewiesen. Anhand der unterschiedlichen Abstufung der Szenengestaltung wird eine Übersicht über den Stand der Bildsensortechnik gegeben und schließlich das eigene Bildsensorkonzept festgelegt.

Im Interesse kurzer Verarbeitungszeiten und geringen Aufwandes wird bei dem Bildsensor die Bildinformation unmittelbar bei der Bildabtastung weiterverarbeitet, d.h. es werden mittels der im Rahmen dieser Arbeit entwickelten Spezialprozessoren numerische Merkmale aus dem Bildsignal extrahiert, welche das vorliegende Muster beschreiben.

Die Spezialprozessoren errechnen aus den Objektsilhouetten die Merkmale Fläche und Flächenschwerpunkt, generieren Abtastkreise um den Flächenschwerpunkt und bestimmen die Schnittpunkte dieser Abtastkreise mit der Objektkontur. Aus den Schnittpunkten werden Winkelfolgen gebildet, die als Merkmale bei der Klassifikation und der Drehlagenberechnung ausgewertet werden.

Von den bei der Bildabtastung ausgemessenen numerischen Merkmalen werden aufgrund von Abschätzungen und Messungen Konfidenzintervalle festgelegt, innerhalb derer die einzelnen Merkmale mit großer Wahrscheinlichkeit zu erwarten sind. Nach der Bildabtastung werden die vorliegenden Merkmale in einer Lernphase abgespeichert und in einer Meßphase mit den abgespeicherten Merkmalen unter Beachtung der Konfidenzintervalle verglichen. Der Vergleich erfolgt in

Form einer sequentiellen Suche, bei der abhängig von dem zunächst
gemessenen Merkmal Fläche, die für eine weitere Klassifikation erforderlichen Abtastkreise ausgewählt werden.

Für die Anwendung wird der Sensor mit einem PHG verkoppelt und die
dazugehörige Koordinatentransformation errechnet. Die Konstanten,
welche die relative Lage der beiden Systeme und die Art des Zu-
griffs auf ein Werkstück festlegen, wurden ausgemessen. Dies hat
sich als eine nicht praktikable Lösung erwiesen. Bei zukünftigen
PHG-Entwicklungen sollte daher eine Möglichkeit geschaffen werden, diese Konstanten in Form eines Einlernvorganges einzugeben.

Die Erprobung des Bildsensors hat gezeigt, daß die Zielsetzungen
bezüglich Anwendungsnähe (Leistungsfähigkeit, Bedienbarkeit, Kosten) erreicht wurden. Anhand von Pilotanlagen wurde die Eignung
des Sensors für die Bearbeitung von Ordnungsaufgaben nachgewiesen. Eine Übertragung der Pilotanlagen in die industrielle Fertigung kam vor allem wegen der erforderlichen hohen Investitionen
nicht zustande. Die Weiterentwicklung des Bildsensors in Form eines modularen Systems wird durch dessen erhöhte Leistungsfähigkeit dazu beitragen, den Aufwand bei der Gestaltung der Szene und
damit die Investitionen beim Aufbau des Gesamtprozesses zu reduzieren. Zusammen mit den zu erwartenden Erfolgen bei der Weiterentwicklung auch anderer am Gesamtprozeß beteiligten Geräte (PHG, Vereinzelungseinrichtungen usw.) sollte damit das Ziel der Anwendung
von Sensoren als Teil einer Ordnungseinrichtung bald erreicht werden.

IPA Forschung und Praxis
Schriftenreihe aus dem Institut für Produktionstechnik und Automatisierung, Stuttgart

Herausgeber: Prof. Dr.-Ing. H. J. Warnecke

Datenerfassung im Produktionsbereich
Von E. Bendeich. ISBN 3-7830-0117-8.
1977, 176 Seiten, kartoniert. 54,— DM

Methodenauswahl für die Materialbewirtschaftung in Maschinenbau-Betrieben
Von H. Graf. ISBN 3-7830-0136-6.
1977, 144 Seiten, kartoniert. 54,— DM

Systematische Auswahl von Förderhilfsmitteln für den innerbetrieblichen Materialfluß
Von W. Rau. ISBN 3-7830-0139-0.
1977, 103 Seiten, kartoniert. 40,— DM

Grundlagen zur Planung von Ersatzteilfertigungen
Von E. Schulz. ISBN 3-7830-0138-2.
1977, 98 Seiten, kartoniert. 40,— DM

Rechnerunterstützte Fabrikplanung
Von B. Minten. ISBN 3-7830-0116-1.
1977, 124 Seiten, kartoniert. 38,— DM

Eine Planungsmethode für automatische Montagesysteme
Von H.-G. Löhr. ISBN 3-7830-0120-X.
1977, 108 Seiten, kartoniert. 32,— DM

Planung und Bewertung von Arbeitssystemen in der Montage
Von H. Metzger. ISBN 3-7830-0131-5.
1977, 108 Seiten, kartoniert. 40,— DM

Klassifizierungssystem für Prüfmittel der industriellen Längenprüftechnik
Von R. Czetto. ISBN 3-7830-0144-7.
1978, 181 Seiten, kartoniert. 64,— DM

Rechnerunterstützte Montageplanung
Von O. Hirschbach. ISBN 3-7830-0149-8.
1978, 146 Seiten, kartoniert. 52,— DM

Rechnerunterstützte Entwicklung von Simulationsmodellen für Unternehmensplanspiele
Von A. Moker. ISBN 3-7830-0147-1.
1978, 181 Seiten, kartoniert. 64,— DM

Arbeitsplatzanalysen zur Ermittlung der Einsatzmöglichkeiten und Anforderungen an Industrieroboter
Von G. Herrmann. ISBN 37830-0151-X.
1978, 113 Seiten, kartoniert. 40,— DM

MFSP — Ein Verfahren zur Simulation komplexer Materialflußsysteme
Von G. Stemmer. ISBN 3-7830-0118-8.
1977, 140 Seiten, kartoniert. 60,— DM

Berührungslose Erkennung durch Positionsbestimmung von Objekten durch inkohärent-optische Korrelation
Von M. König. ISBN 3-7830-0137-4.
1977, 110 Seiten, kartoniert. 40,— DM

Auslegung von Störungspuffern in kapitalintensiven Fertigungslinien
Von R. v. Stetten. ISBN 3-7830-0140-4.
1977, 154 Seiten, kartoniert. 56,— DM

Flexible Transportablaufsteuerung
Von G. Römer. ISBN 3-7830-0114-5.
1977, 188 Seiten, kartoniert. 60,— DM

Rechnergestützte Realplanung von Fabrikanlagen
Von T.-K. Sauter. ISBN 3-7830-0119-6.
1977, 108 Seiten, kartoniert. 32,— DM

Systematisches Auswählen und Konzipieren von programmierbaren Handhabungsgeräten
Von R. D. Schraft. ISBN 3-7830-0115-3.
1977, 108 Seiten, kartoniert. 32,— DM

Auslandsproduktion
Von W. Cypris. ISBN 3-7830-0145-5.
1978, 126 Seiten, kartoniert. 42,— DM

Wirtschaftlicher Einsatz von Mehrkoordinatenmeßgeräten
Von M. Dietzsch. ISBN 3-7830-0148-X.
1978, 142 Seiten, kartoniert. 52,— DM

Fertigungssteuerung bei flexiblen Arbeitsstrukturen
Von K.-G. Lederer. ISBN 3-7830-0146-3.
1978, 128 Seiten, kartoniert. 42,— DM

Untersuchungen zum Polieren und Entgraten durch elektrochemisches Oberflächenabtragen
Von K. Zerweck. ISBN 3-7830-0150-1.
1978, 110 Seiten, kartoniert. 40,— DM

Stufenweise Ableitung eines praktischen Planungssystems für den Entwicklungsbereich
Von R. Hichert. ISBN 3-7830-0149-8.
1978, 151 Seiten, kartoniert.   52,— DM

Produktionsplanung mit Auftragsfamilien
Von U. W. Geitner. ISBN 3-7830-0161.7.
1979, 110 Seiten, kartoniert.   45,— DM

Thermisch-chemisches Entgraten
Von T. Wagner. ISBN 3-7830-0164-1.
1979, 111 Seiten, kartoniert.   45,— DM

Untersuchung der Materialflußkosten bei ausgewählten Systemen der Zentralen Arbeitsverteilung
Von R. Wenzel. ISBN 3-7830-0162-5.
1979, 168 Seiten, kartoniert.   86,— DM

Anpassung und Einführung eines Planungssystems für die Ablaufplanung im Konstruktionsbereich
Von W. Dangelmaier. ISBN 3-7830-0163-3.
1979, 168 Seiten, kartoniert.   80,— DM

Längenmessungen an bewegten Teilen mit berührungslos wirkenden Aufnehmern
Von H. Lang. ISBN 3-7830-0157-9.
1979, 89 Seiten, kartoniert.   42,— DM

Untersuchung multistabiler Strömungselemente und ihr Einsatz in sequentiellen Steuerungen
Von A. Ernst. ISBN 3-7830-0157-9.
1979, 122 Seiten, kartoniert.   48,— DM

Taktile Sensoren für programmierbare Handhabungsgeräte
Von M. Schweizer. ISBN 3-7830-0158-7.
1979, 91 Seiten, kartoniert.   42,— DM

Die rechnerunterstützte Prüfplanung
Von P. Bläsing. ISBN 3-7830-0152-8.
1979, 100 Seiten, kartoniert.   44,— DM

Verfahren zur Fabrikplanung im Mensch-Rechner-Dialog am Bildschirm
Von W. Ernst. ISBN 3-7830-0156-0.
1979, 218 Seiten, kartoniert.   72,— DM

Rechnerunterstütztes Verfahren zur Leistungsabstimmung von Mehrmodell-Montagesystemen
Von M. Görke. ISBN 3-7830-0155-2.
1979, 139 Seiten, kartoniert.   50,— DM

Standortbezogene Betriebsmittel
Von G. Pflieger. ISBN 3-7830-0167-6.
1979, 127 Seiten, kartoniert.   52,— DM

Die betriebswirtschaftliche Beurteilung neuer Arbeitsformen
Von B.-H. Zippe. ISBN 3-7830-0168-4.
1979, 350 Seiten, kartoniert.   98,— DM

Untersuchung des Arbeitsverhaltens programmierbarer Handhabungsgeräte
Von B. Brodbeck. ISBN 3-7830-0169-2.
1979, 117 Seiten, kartoniert.   48,— DM

Untersuchung eines kohärent-optischen Verfahrens zur Rauheitsmessung
Von N. Rau. ISBN 3-7830-0174-9.
1979, 117 Seiten, kartoniert.   48,— DM

Entwicklung einer programmierbaren, pneumatischen Steuerung
Von D. Klemenz. ISBN 3-7830-0171-4.
1979, 93 Seiten, kartoniert.   42,— DM

IPA Forschung und Praxis

Berichte aus dem Fraunhofer-Institut für Produktionstechnik und Automatisierung, Stuttgart, und dem Institut für Industrielle Fertigung und Fabrikbetrieb der Universität Stuttgart

Herausgeber: Prof. Dr.-Ing. H. J. Warnecke

Die Berichte 38 und folgende sind zu beziehen durch den Springer-Verlag, Berlin Heidelberg New York